Rutuja Waghmode
Shoukat Sayyad
Nandkishore Meshram

Gestão integrada de infestantes em mostarda

Rutuja Waghmode
Shoukat Sayyad
Nandkishore Meshram

Gestão integrada de infestantes em mostarda

ScienciaScripts

Cover image: www.ingimage.com

This book is a translation from the original published under ISBN 978-620-7-65187-0.

Publisher:
Sciencia Scripts
is a trademark of
Dodo Books Indian Ocean Ltd. and OmniScriptum S.R.L publishing group

120 High Road, East Finchley, London, N2 9ED, United Kingdom
Str. Armeneasca 28/1, office 1, Chisinau MD-2012, Republic of Moldova, Europe
Printed at: see last page
ISBN: 978-620-7-79995-4

ÍNDICE DE CONTEÚDOS

CAPÍTULO I

INTRODUÇÃO

A mostarda, pertencente à família das crucíferas (*syn. Brassicacae*), é a terceira cultura oleaginosa mais importante do mundo, depois do óleo de soja (*Glycine max*) e do óleo de palma (*Elaies guineensis* jacq.). Das sete sementes oleaginosas comestíveis cultivadas na Índia, a contribuição da mostarda (*Brassica spp.*) é de 25% na produção total de sementes oleaginosas. A Índia é um importante país produtor de mostarda no mundo, ocupando a quarta posição na sua área e produção, depois do Canadá, da China e da União Europeia. Na Índia, a seguir ao amendoim, a mostarda é a segunda oleaginosa comestível mais importante, com uma quota de 27,8% na economia indiana de oleaginosas.

A área cultivada com mostarda na Índia era de 6,23 milhões de hectares, com uma produção de 9,34 milhões de toneladas e uma produtividade de 1499 kg ha^{-1} (Anonymous 2019).

A mostarda inclui, em geral, a mostarda indiana, o *salsão* amarelo, o *salsão* castanho, a raya e a toria. No passado recente, a área cultivada com mostarda indiana tem vindo a aumentar à custa de outras brássicas, devido à sua maior produtividade e tolerância a stresses bióticos e abióticos. A cultura da mostarda está confinada apenas ao Norte da Índia, devido à maturidade tardia e ao estilhaçamento das vagens devido à temperatura elevada que prevalece durante a colheita em fevereiro-março. A mostarda indiana (*Brassica knives* (L.) Czernj e Cosson) é cultivada principalmente em algumas zonas tradicionais do Sul da Índia, incluindo Andra Pradesh, Karnataka e Tamil Nadu. Este declínio pode dever-se à passagem de uma cultura única para uma cultura mista de mostarda, em especial na parte oriental de Uttar Pradesh, à concorrência das culturas de *rabi*, em especial com o trigo, e à falta de memória do sistema de cultura baseado na mostarda. A produção e a produtividade da mostarda nesta área podem ser aumentadas pelo menos duas vezes se forem disponibilizadas aos agricultores variedades adequadas e práticas agronómicas recomendadas.

A mostarda da Índia é uma cultura de estação fria e é cultivada tanto nas zonas tropicais como nas zonas temperadas. Exige temperaturas relativamente baixas e um período de colheita seco. Na Índia, é cultivada principalmente na estação *rabi* (inverno), de setembro-outubro a fevereiro-março. A mostarda indiana resiste a uma precipitação anual de 50 a 420 cm, a uma temperatura anual de 6 a 27^0 C e a um pH de 4,3 a 8,3. No entanto, tem um melhor desempenho em solos com um pH neutro, mas pode tolerar solos alcalinos com um pH superior a 7 e solos ligeiramente salinos. A temperatura de 15-20^0 C, a mostarda tem uma resposta fotossintética eficiente devido à presença da via C_3 para a assimilação do carbono. Prefere solos bem arejados que não fiquem encharcados. É cultivada numa vasta gama de condições de solo, variando de solos franco-arenosos a solos franco-argilosos, mas desenvolve-se melhor em solos franco-claros. A mostarda requer menos água (24-40 cm).

Na região do Konkan, a mostarda é sobretudo cultivada na estação *rabi*, utilizada como oleaginosa e como especiaria, sob uma precipitação garantida de cerca de 3500 mm por ano pela monção do sudoeste durante o mês de junho a setembro. Durante o final da estação *rabi* e o início do verão, a escassez de água aumenta devido à menor capacidade de retenção de água e à elevada taxa de infiltração do solo. Devido a esta limitação, há muito poucas opções de escolha de culturas para os agricultores na época de *rabi* e de verão.

O problema das infestantes é um obstáculo importante, responsável pela baixa produtividade da mostarda. As ervas daninhas são plantas indesejadas e também são conhecidas como ladrões silenciosos de nutrientes vegetais, humidade do solo, energia solar e espaço que, de outra forma, estaria disponível para a cultura principal (Gage e Schwartz-Lazaro, 2019). A perda total de produtos agrícolas na Índia deve-se a 45% de ervas daninhas, 30% de insectos, 20% de doenças e 5% de outras pragas (Rao, 2000). A redução do rendimento das culturas tem uma correlação direta com a concorrência das ervas daninhas. Assim, é importante controlar as ervas daninhas a tempo de evitar a utilização improdutiva de factores de crescimento para permitir que as plantas cultivadas se expressem plenamente através da utilização dos factores que lhes são destinados. Os herbicidas são eficazes contra uma gama restrita de espécies de infestantes (Mukherjee e Singh, 2005).

Foi testado um número limitado de herbicidas contra as infestantes da mostarda. Estes herbicidas são aplicados em pré-emergência e podem controlar as infestantes até um período limitado. A atividade destes herbicidas é reduzida ou torna-se ineficaz para a segunda vaga de infestantes. A introdução de herbicidas aplicados em pós-emergência pode revelar-se um trunfo para o controlo eficaz das infestantes na fase de crescimento da cultura da mostarda. Nos últimos tempos, foram lançados vários herbicidas de largo espetro capazes de reduzir a concorrência durante um período de tempo mais longo. A eficácia e a seletividade destes herbicidas estão ainda por explorar na mostarda.

Por outro lado, a solarização do solo em combinação com a aplicação de herbicidas é muito eficaz para controlar a infestação de ervas daninhas. A solarização do solo é um método hidrotérmico não químico de desinfeção do solo, no qual o solo capta a energia radiante da luz solar sob polietileno transparente e preto para criar condições desfavoráveis para as ervas daninhas, os insectos e os agentes patogénicos das plantas transmitidos pelo solo (Gill e Garg, 2014). A solarização do solo melhora a estrutura do solo e aumenta a disponibilidade de azoto (N) e outros nutrientes essenciais para as plantas (Elmore *et al*, 1997), o que leva a um aumento do crescimento das plantas e reduz a população de ervas daninhas e a necessidade de fertilizantes.

Tendo este ponto em vista, a investigação proposta intitulada "Efeito da solarização do solo e das práticas de gestão de ervas daninhas no desempenho da mostarda (*Brassica juncea* L.) em solo laterítico de Konkan" está planeada para ser conduzida na Quinta Agronómica, Departamento de Agronomia, Faculdade de Agricultura, Dapoli durante a época *rabi* de 2020-2021 com os seguintes objectivos.

1) Estudar o efeito das medidas de controlo das ervas daninhas no crescimento e no rendimento da mostarda
2) Estudar o efeito das medidas de controlo das ervas daninhas nas propriedades do solo
3) Estudar os aspectos económicos dos diferentes tratamentos.

CAPÍTULO II

REVISÃO DA LITERATURA

Neste capítulo, foi feita e apresentada uma breve revisão dos trabalhos de investigação relevantes e recentes relacionados com o tema de investigação intitulado "Efeito da solarização do solo e das práticas de gestão de infestantes no desempenho da mostarda em solo laterítico de Konkan". A literatura disponível relativa ao aspeto investigado é analisada sob os seguintes títulos.

2.1 Efeito das medidas de controlo das infestantes no crescimento e rendimento da mostarda

2.1.1 Efeito nos atributos de crescimento da cultura.

2.1.2 Efeito no rendimento e nos atributos de rendimento da cultura.

2.1.3 Efeito na densidade das ervas daninhas, na eficiência do controlo das ervas daninhas e na biomassa das ervas daninhas.

2.2 Efeito das medidas de controlo das ervas daninhas nas propriedades do solo.

2.3 Economia dos diferentes tratamentos.

2.1. Efeito das medidas de controlo das infestantes na mostarda

A literatura disponível relacionada com o efeito da solarização do solo e das medidas de gestão das infestantes é apresentada a seguir,

2.1.1 Efeito no crescimento e no desenvolvimento

Khalid *et al.* (2006) realizaram uma experiência de campo com calêndula na quinta experimental do Centro Nacional de

Investigação (NRC), Cario, Egipto, durante duas épocas sucessivas de 2003-2004 e 2004-2005, tendo referido que o solo solarizado resultou num aumento significativo dos caracteres de crescimento e rendimento, ou seja, altura da planta (cm), número de ramos por planta, número de cabeças de flores por planta, peso fresco e seco das partes vegetativas (g/planta) e rendimento de sementes (g/planta).

Subrahmaniyan *et al.* (2008) realizaram uma experiência de campo com amendoim e concluíram que a produção de matéria seca da cultura, a percentagem de pegamento, o rácio de fixação das vagens, o número de vagens maduras por planta e o rendimento das vagens foram significativamente mais elevados em solo solarizado. A aplicação de herbicida melhorou significativamente a maioria dos atributos de crescimento e rendimento e aumentou significativamente o rendimento das vagens.

Pedde *et al.* (2013) realizaram uma experiência de campo na Faculdade de Agricultura, Marathwada Krishi Vidyapeeth, Parbhani, durante 2010-11 em grão-de-bico, e relataram que uma enxada + duas capinas manuais, pendimetalina @ 0,75 kg ha^{-1} como pré-emergência e quizalofop-p-ethyl @ 40 g ha^{-1} como pós-emergência resultaram em maior altura da planta, propagação da planta, ramos, nódulos radiculares e matéria seca.

Akter *et al.* (2016) realizaram uma experiência de campo durante a estação de inverno de 2014-15 com mostarda no Bangladesh. A partir dos resultados da experiência, relataram a altura máxima da planta de 101,94 cm em duas capinas manuais, enquanto a menor 96,92 cm em condições de ervas daninhas. O número de ramos por planta foi mais elevado na monda com duas mãos e o mais baixo na parcela com ervas daninhas.

Jat *et al.* (2017) realizaram uma experiência de campo na Instructional Farm Bhagwant University, Ajmer, durante a época *rabi* de 2015-16. Relataram que a altura máxima significativa da planta, o número de folhas por planta, o número de ramos primários por planta, o número de síliquas por planta, o comprimento das síliquas, o número de sementes por síliqua foram registados sob o tratamento de uma monda manual aos 25 DAS + watt químico aos 45 DAS.

Raj *et al.* (2020) realizaram a experiência de campo durante a estação *rabi* de 2016-17 na Agronomy Research Farm, Narendra Deva University of Agriculture and Technology, Kumarganj, Ayodya (Uttar Pradesh) em mostarda, relataram que duas capinas manuais a 20 e 40 DAS *fb* pendimethalin @ 1.0 kg ha^{-1} + cobertura de palha @ 5,0 t ha^{-1} e cobertura de palha @ 10 t ha^{-1} aos 3 DAS foram consideradas mais eficazes na maximização dos parâmetros de crescimento da cultura, atributos de rendimento, produção de sementes e redução da remoção de nutrientes pelas ervas daninhas.

2.1.2 Efeito no rendimento e nos atributos de rendimento da cultura.

Chandel *et al.* (2001) realizaram uma experiência de campo durante a estação chuvosa de 1996 e 1997 no Crop Research Centre, Pantnagar, com soja, e relataram que a maior eficiência de produção de sementes e o maior rendimento de sementes foram obtidos com duas capinas manuais a 30-45 DAS e com anilofos @ 1,75 kg a.i ha^{-1} , propaquizafop @ 75 g a.i ha^{-1} e imazethapyr @ 100 g a.i ha^{-1} .

Sharma *et al.* (2002) efectuaram uma experiência de campo durante os Invernos de 1997-2000 em Bikaner (Rajasthan), para estudar o efeito dos herbicidas na dinâmica das ervas daninhas e no rendimento das sementes de mostarda indiana. Relataram que a produção de sementes significativamente mais elevada (879 kg ha^{-1}) e o rendimento líquido (Rs.7,506 $ha^{-1)}$) foram obtidos num tratamento sem ervas daninhas, seguido de duas mondas manuais aos 30 e 45 DAS. Entre os herbicidas, a aplicação pré-emergente de isoproturon @ 0,75 kg ha^{-1} registou maior rendimento de sementes (628 kg ha^{-1}) e retorno líquido (Rs. 5.390 kg ha^{-1}).

Marwat *et al.* (2003) realizaram uma experiência de campo em Chakdara, NWFP durante a estação *rabi* de 2002-03 com mostarda. Ele relatou que o rendimento máximo de sementes (2291 kg ha^{-1}), o peso de 1000 sementes (4,04 g) e o número de sementes por síliqua (25,75) foram registados em parcelas tratadas com pendimetalina, seguidas de trifluralina (2141 kg ha^{-1} , 3,99 g e 25,50) e S-metalachlor (1950 kg ha^{-1} , 3,88 g e 25,06).

Singh *et al.* (2004) realizaram uma experiência de campo com soja durante 1998 e 1999 em Jabalpur, Madhya Pradesh. Eles relataram que a solarização do solo com polietileno transparente aumentou os atributos de rendimento (número de vagens por planta, peso de 1000 sementes e número de sementes por vagem) e o rendimento de sementes em comparação com a parcela não solarizada.

Yadav *et al.* (2004) efectuaram uma experiência de campo durante as estações de inverno de 1998-99 e 1999-2000 com mostarda em Morena, Madhya Pradesh. Ele relatou que a produção máxima de sementes de 17,08 q ha^{-1} foi registada com a aplicação pré-emergente de isoproturon @ 0,75 kg ha^{-1} + monda manual aos 25 DAS seguida da aplicação pré-emergente de metabuzin @ 0,20 kg ha^{-1} + monda manual aos 25 DAS.

Tekale *et al.* (2005) realizaram uma experiência de campo em Junagadh, Gujarat, Índia, durante o *rabi* de 1998-99. Ele relatou que o tratamento livre de ervas daninhas seguido pela aplicação de flucloralina @ 0,6 kg ha^{-1} + uma capina manual + IC aos 40 DAS resultou em um rendimento máximo de sementes de 17,08 q ha^{-1} .

Chauhan *et al.* (2005) concluíram que a monda bimanual foi próxima da monda livre de ervas daninhas, dando maior rendimento de sementes (17,55 e 17,59 q ha^{-1}), seguida de oxyfluorfen @ 0,25 kg ha^{-1} como herbicida pré-emergente.

Singh (2006) realizou uma experiência de campo em Satheen, Jodhpur (Rajastão) com mostarda. O resultado foi que a produção máxima de sementes de 1896 kg ha^{-1} foi registada com duas mondas manuais dadas aos 25 e 50 DAS, seguida da aplicação pré-emergência de flucloralina a 0,75 kg ha^{-1} + uma monda manual aos 25 DAS (1761 kg ha^{-1}).

Sewak *et al.* (2007) realizaram uma experiência de campo durante o inverno de 2004-2005 na quinta de investigação agrícola Ch. Charan Singh Shivdan Singh (PG) College, Iglas, Aligarh (UP) em mostarda. Revelou que a aplicação de diferentes herbicidas, nomeadamente Oxyfluorofen 23.5 EC @ 0.125 kg a.i, Fluchloralin 45 EC @ 1.0 kg a.i ha^{-1} , Metribuzin 70 percent @ 0.175 kg a.i ha^{-1} , Pendimethalin 30 EC @ 0.75 kg a.i ha^{-1} e uma capina manual aos 30 DAS aumentaram significativamente a siliqua por planta, sementes por siliqua, peso de teste de sementes e também aumentaram o rendimento de sementes 18.56, 18.83, 18.34, 18.31 e 18.15 q ha^{-1} sobre o controle de ervas daninhas (12.27 q ha^{-1}).

Khan *et al.* (2008) efectuaram uma experiência de campo em Malakhandher Research fram, NWFP Agricultural University, Peshwar durante 2000-01 com mostarda. Relatou que o rendimento máximo de sementes (1568 kg ha^{-1}) e o peso de 1000 sementes (3,68 g) foram observados com a aplicação de Treflan 4 EC como herbicida de pré-emergência.

Khan *et al.* (2012) realizaram uma experiência de campo na Universidade Agrícola de KPK, Peshwar, Paquistão, em junho de 2008-09. Ele relatou que a solarização ajudou a aumentar o rendimento da couve-flor.

Kumar *et al.* (2012) realizaram uma experiência de campo com mostarda durante o *rabi* 2006-07 e 2007-08 em Palampur, resultando em atributos de rendimento significativamente mais elevados, rendimento de sementes e percentagem de N de sementes quando a aplicação pré-emergência de oxadiargil 0,180 @ kg ha^{-1} , pendimetalina 1,50 @ kg ha^{-1} , trifluralina 1,50 @ kg ha^{-1} e aplicação pós-emergência de isoproturão 1,25 @ kg ha^{-1} sozinho e meia taxa com monda manual duas vezes e controlo de ervas daninhas.

Ahmed *et al.* (2014) realizaram uma experiência de campo em Jessore, Bangladesh, durante a estação boro de 2011-12 e a estação aman de 2012, e referiram que o oxadiargil seguido de etoxissulfurão (4,13 t ha^{-1}) proporcionou um rendimento 62% superior, enquanto o oxadiargil seguido de uma monda manual única (4,08 t ha^{-1}) proporcionou um rendimento 37% superior no arroz.

Kaur *et al.* (2015) realizaram uma experiência de campo na Universidade Agrícola de Punjab, Ludhiana, durante as épocas de inverno de 2006-07 e 2007-08. Ele relatou que o maior rendimento de sementes foi registado com a aplicação de fluchloralin e trifluralin @ 0,75 e 1,5 kg ha^{-1} .

Das *et al.* (2016) realizaram uma experiência de campo em Murshidabad, Bengala Ocidental, durante a *kharif* com blackgram. Eles revelaram que o rendimento máximo de sementes (1266,5 kg ha^{-1}) foi observado sob capina manual duas vezes aos 20 e 40 DAS, enquanto o menor foi registado no controlo de ervas daninhas (622,2 kg ha^{-1}).

Mankar *et al.* (2016) realizaram a experiência de campo na Faculdade de Agricultura, Nagpur, durante o *rabi* 2011-12 e 2012-13, e relataram que o rendimento máximo de sementes (601.7 kg ha^{-1}) foi registado no controlo sem ervas daninhas em comparação com outros tratamentos, enquanto o oxadiargil @ 598,9kg ha^{-1} , oxyflurofen @ 574,9 kg ha^{-1} , isoproturon @ 574,3 kg ha^{-1} e clodinofop POE @ 567,5 kg ha^{-1} estavam ao mesmo nível e o rendimento das sementes foi registado por ordem decrescente.

Sharma *et al.* (2016) realizaram a experiência de campo em Rajasthan, Faculdade de Agricultura, MPAUT, Udaipur durante 2014 em soja. Ele relatou que a planta máxima de $vagens^{-1}$, vagens de $sementes^{-1}$, produção de matéria seca, rendimento de grãos e sementes foi registrada no tratamento livre de ervas daninhas como 1,42 t ha^{-1} e 3,10 t ha^{-1} , respetivamente, que foi seguido pela aplicação pré-emergente de pendimetalina 750 g ha^{-1} + capina manual a 30 DAS com o rendimento correspondente de grãos e halum de 1,38 t ha^{-1} e 3,04 t ha^{-1} .

Bombariya *et al.* (2017) realizaram uma investigação arquivada durante a estação *rabi* de 2014-15 em Udaipur na mostarda, relataram que a verificação sem ervas daninhas registou o número máximo de siliqua por planta, número de sementes por siliqua, peso de teste e rendimento de sementes de

1995 kg ha^{-1} contra 1167 kg ha^{-1} sob verificação de ervas daninhas.

Kalita *et al.* (2017) realizaram uma experiência de campo durante o *rabi* 2014-15 com mostarda na Faculdade de Agricultura, Udaipur, Rajasthan. Relataram que o número máximo de síliquas por planta, sementes por síliqua, peso de 1000 sementes, palha e rendimentos biológicos de 2,24, 5,59 e 7,38 t ha^{-1} foi registado com a aplicação pré-emergência de oxadiargil 0,09 kg ha^{-1} seguido de uma monda manual aos 25 DAS.

Jangir *et al.* (2018) realizaram uma experiência de campo na Fazenda da Faculdade da Universidade Agrícola de Navsari, Navsari, durante a estação *rabi* de 2014-15, em mostarda, registando um rendimento de sementes significativamente maior (2085 kg ha^{-1}) com a aplicação de pendimetalina @ 1,0 kg ha^{-1} como PE + Quizalofop-P-ethyl @ 0,004 kg ha^{-1} aos 20 DAS + HW e aos 40 DAS.

Singh *et al.* (2020) realizaram uma experiência de campo com mostarda durante a estação *rabi* de 2017-2018, tendo relatado que o número máximo de síliquas por planta (248,73), o comprimento das síliquas (6,70 cm), o número de sementes por síliqua (12,0), o peso do teste (5 g), o rendimento das sementes (2255 kg ha^{-1}) sob duas mondas manuais aos 30 DAS.

2.1.3 Efeito na densidade das ervas daninhas, na eficiência do controlo das ervas daninhas e na biomassa das ervas daninhas

Mundra *et al.* (2003) realizaram uma experiência de campo em Udaipur durante a *kharif* de 1997 e 1998 com milho, e relataram que foi registada uma redução significativa na densidade total de ervas daninhas e no peso seco das ervas daninhas e uma maior eficiência de controlo das ervas daninhas (80,55 %) com atrazina @ 0,5 kg ha^{-1} como pré-emergência + intercultivo aos 35 DAS em relação a todos os tratamentos de controlo de ervas daninhas.

Bazaya *et al.* (2004) realizaram uma experiência de campo com mostarda na quinta de investigação, R. S. Pura, Sher-E-Kashmir University of Agricultural Science and Technology, Jammu, e relataram que se registou uma redução significativa da população e da matéria seca das ervas daninhas quando a flucloralina a 0,70 kg ha^{-1} foi aplicada em combinação com duas mondas manuais aos 30 e 60 DAS, o que se manteve ao mesmo nível que o isoproturão e a pendimetalina a 1,0 kg ha^{-1} , juntamente com duas mondas manuais aos 30 e 60 DAS.

Chauhan *et al.* (2005) realizaram uma experiência de campo durante o inverno de 1998 e 1999 na Research Farm, College of Agriculture, Gwalior, Madhya Pradesh, e referiram que a aplicação de Oxyfluorfen @ 0,25 kg ha^{-1} como pré-emergência e duas mondas manuais aos 25 e 40 DAS reduziram drasticamente a densidade e a biomassa das ervas daninhas.

Patel *et al.* (2005) realizaram uma experiência de campo no Departamento de Agronomia da Universidade Agrícola de Anand durante a estação rabi. Ele provou que a solarização é um método eficiente de controlo de ervas daninhas, mas também seguro para a cultura, pois invariavelmente produziu mudas saudáveis e vigorosas e resultou em maior rendimento em comparação com a parcela não solarizada.

Degra *et al.* (2006), que realizaram uma experiência de campo com mostarda em Jaipur, relataram que a maior produção de sementes (1925 kg ha^{-1}) foi obtida em parcelas com monda manual repetida, devido à maior eficiência de controlo das ervas daninhas (86,6%). Entre os tratamentos herbicidas, a flucloralina a 1,0 kg ha^{-1} com uma monda manual aos 40 DAS alcançou o maior aumento na produção de sementes (1876 kg ha^{-1}) em relação ao controlo sem monda e foi seguido de perto pelo isoproturão a 0,5 kg ha^{-1} + uma monda manual (1859 ha) $^{-1}$

Ramana *et al.* (2007) relataram que a menor densidade de ervas daninhas e a melhor eficiência de controlo de ervas daninhas até 77,2% foram registadas com a aplicação pré-emergente de oxadiargyl @ 80 g a.i. ha^{-1} juntamente com o uso de star weeder aos 40 DAS em comparação com o controlo sem ervas daninhas.

Syriac *et al.* (2007) realizaram uma experiência em brinjal no solo aluvial recuperado de kuttanad e revelaram que a solarização do solo durante um mês, bem como os herbicidas pré-emergentes, *nomeadamente o* alaclor (2,0 e 2,5 kg ha^{-1}) e o oxadiazon (0,5 e 0,75 kg ha^{-1}) foram considerados a melhor alternativa à monda manual com base na produção de frutos e na eficiência do controlo das ervas daninhas.

Kaur *et al.* (2013) realizaram uma experiência de campo em Ludhiana, Punjab, durante a estação *rabi* de 2009-10 com mostarda. Ele relatou que a eficiência máxima de controlo de ervas daninhas (92,0 %) foi registada com a aplicação pré-emergência de trifluralina a 0,60 kg ha^{-1} e enxada de duas mãos, enquanto a eficiência mínima de controlo de ervas daninhas (37,7 %) foi registada com oxyfluorfen @ 0,25 kg ha^{-1} .

Padmaja *et al.* (2013) realizaram uma experiência de campo durante 2008-09 e 2010-11 na Estação Regional de Investigação Agrícola, Warangal, Andhra Pradesh, e revelaram que o imazethapyr @ 75 g ha^{-1} aplicado aos 20 DAS reduziu significativamente o peso seco e a densidade das ervas daninhas monocotiledóneas e dicotiledóneas registadas aos 30 DAS, em comparação com o controlo de ervas daninhas, seguido de pendimetalina @ 0,75 kg ha^{-1} como herbicida de pré-emergência.

Singh *et al.* (2013) realizaram uma experiência de campo com mostarda durante a estação *rabi* de 2005 em Satheen, Jodhpur (Rajasthan). Ele relatou que duas capinas manuais aos 25 e 50 DAS, juntamente com flucloralina @ 0,75 kg ha^{-1} + uma capina manual aos 25 DAS, tiveram densidade de ervas daninhas significativamente mais baixa e acúmulo de matéria seca de ervas daninhas em relação à flucloralina @ 1,0 kg ha^{-1} e verificação de ervas daninhas. Assim, a maior eficiência de controlo de ervas daninhas (90,3 % aos 60 DAS e 86,4 % na colheita) foi observada com a monda a duas mãos. Fluchloralin + uma capina manual mostrou 87,5 e 85,8 por cento de eficiência de controlo de ervas daninhas aos 60 DAS e na colheita.

Mukherjee *et al.* (2014) realizaram uma investigação de campo durante o inverno de 2011-2012 e 2012-13 em Kalimpong, para avaliar o efeito de diferentes níveis de fertilizantes e práticas de gestão de ervas daninhas na densidade e matéria seca de ervas daninhas e na competição entre culturas e ervas daninhas por nutrientes na mostarda indiana. Ele relatou que, entre vários tratamentos químicos, a densidade mínima de ervas daninhas e a produção de matéria seca de ervas daninhas foram observadas com pendametalina (0,75 kg ha^{-1}) + capina manual aos 35 DAS.

Kumar *et al.* (2015) realizaram uma experiência de campo com mostarda durante a estação *rabi* de 2008-09 e 2009-10 na principal exploração de investigação do Instituto Indiano de Investigação de Leguminosas (IIPR), Kanpur, e revelaram que o valor mais elevado da eficiência de controlo das ervas daninhas

(78,5%) e do índice de controlo das ervas daninhas (88,7%) foi registado no tratamento sem ervas daninhas, enquanto no caso dos herbicidas pós-emergência, a eficiência mais elevada de controlo das ervas daninhas (47,1%) e o índice de controlo das ervas daninhas (51,8%) foram registados no tratamento com quizalofope-etilo a 60 g ha^{-1} .

Golzardi *et al.* (2014) realizaram uma experiência de campo em 2013 na Universidade Islâmica Azad de Karaj e revelaram que a densidade e a biomassa das ervas daninhas diminuíram com a solarização do solo.

Lhungdim *et al.* (2014) realizaram um estudo de campo na Agricultural Research Farm, Institute of Agricultural Sciences, BHU, Varanasi (Uttar Pradesh) durante a estação *rabi* de 2010-12 para avaliar o efeito de diferentes métodos de controlo de ervas daninhas e as suas implicações económicas na lentilha de sequeiro. Os resultados revelaram que a maior eficiência de controlo das ervas daninhas (78,0%), a matéria seca mínima das ervas daninhas (34,9 g m^{-2}), a altura das plantas (37,2 cm), os ramos por planta (7,63), as vagens por planta (62,30, as sementes por vagem (1,94), o peso do teste (21.1 g), número de nódulos (8,2 $plantas^{-1}$), peso de nódulos (4,97 mg $planta^{-1}$) e rendimento (1365 kg ha^{-1}) foram registados com a aplicação de pendimethalin @ 1 kg ha^{-1} seguido de monda mecânica aos 45 DAS.

Balyan *et al.* (2016) realizaram uma experiência de campo na Farming Research Station em Bhilwara, Rajasthan, durante as épocas de *kharif* de 2010 e 2011 em blackgram, e relataram que a maior eficiência de controlo de ervas daninhas foi registada com alaclor @ 1,0 kg ha^{-1} PRE *fb* imazethapyr @ 100 g ha^{-1} a 30 DAS. Todos os tratamentos herbicidas resultaram em melhor rendimento de sementes e parâmetros de atribuição de rendimento e reduziram a biomassa de ervas daninhas em comparação com o controlo de ervas daninhas.

Das *et al.* (2016) realizaram uma experiência de campo com grama-preta na Estação de Investigação, Berhampore, Murshidabad, Bengala Ocidental, durante a *colheita de* 2010, 2011 e 2012, e indicaram que se verificou uma redução significativa da densidade total de ervas daninhas e do peso seco total com a aplicação de fenoxaprop-p-ethyl @ 50 g ha^{-1} + chlorimuron ethyl @ 4.0 g ha-1 em pós-emergência de 10 a 15 DAS e quizalofop-ethyl @ 37,5 g ha^{-1} + chlorimuron ethyl @ 4,0 g ha^{-1} em pós-emergência de 10 a 15 DAS.

Gupta *et al.* (2017) realizaram uma experiência de campo no Rajastão durante a estação *rabi* de 2013-14 e 2014-15 em grão-de-bico, e relataram que o peso seco médio mínimo das ervas daninhas (81,8 g m^{-2}), a maior eficiência de controlo das ervas daninhas (59,98 %) e o rendimento máximo de sementes e de palha foram registados com duas mondas manuais aos 25-30 DAS.

Singh (2017) realizou uma experiência de campo no Instituto de Ciências Agrícolas da Universidade Hindu de Bananras, Varanasi (U.P), durante as épocas de inverno de 2010-11, 2011-12 e 2012-13 em mostarda, e revelou que a aplicação pré-emergência de oxadiargil @ 0,09 kg ha^{-1} registou uma população mínima de ervas daninhas e um peso seco de ervas daninhas que foi considerado muito eficaz na redução da população de ervas daninhas de folhas largas, gramíneas e juncos em comparação com outros tratamentos.

Gupta *et al.* (2020) realizaram um experimento de campo durante a temporada de rabi de 2014-15 a 2017-18 em mostarda-milho-milho-feijão na Fazenda de Pesquisa, Faculdade de Agricultura, RVSKKV, Gwalior, Madhya Pradesh, relataram que maior peso seco, população de ervas daninhas e eficiência de controle de ervas daninhas foram registrados na verificação de ervas daninhas, enquanto o menor foi observado em oxyfluorfen @ 0,25 kg ha^{-1} parcela tratada seguida por uma capina manual em 25-30 DAS.

Meena *et al.* (2020) realizaram uma experiência de campo na Instructional Farm (Agronomy), Rajasthan, College of Agriculture, Udaipur durante a *kharif* 2015 e 2016 em clusterbean, revelando que a eficiência máxima de controlo de ervas daninhas em monocotiledóneas, dicotiledóneas e ervas daninhas totais (89.41, 94,07 e 92,9 %, respetivamente) foi observada com a aplicação de duas capinas manuais aos 15 e 30 DAS, seguida de pendimetalina + imazethapyr @ 0,8 kg ha^{-1} PE + HW aos 30 DAS e imazethapyr + imazamox @ 0,05 kg ha^{-1} aos 15 DAS + HW aos 30 DAS.

Sirisha *et al.* (2020) realizaram uma experiência de campo durante a estação *rabi* de 2019-20 em lentilhas na quinta de investigação da Universidade Agrícola de Bihar, Sabour, Bhangalpur (Bihar), revelando que as densidades e a biomassa de ervas daninhas foram registadas significativamente mais baixas em pendimetalina *fb* quizalofop-ethyl + azomox aos 60 DAS e na colheita.

2.2 Efeito nas propriedades do solo

Arora *et al.* (1998) relataram que o tratamento de solarização com polietileno transparente aumentou significativamente o NO^{-}_{3} -N e o NH^{+}_{4} -N em comparação com as parcelas não solarizadas, enquanto as parcelas não solarizadas mostraram um aumento significativo do fósforo disponível e um aumento marginal do potássio e da condutividade eléctrica. O teor de carbono orgânico e o pH não variaram nos diferentes tratamentos.

Pandya *et al.* (2005) realizaram uma experiência de campo durante a estação chuvosa de 2001 e 2002 em Udaipur (Rajasthan) com soja, e relataram que duas mondas manuais aos 20 e 40 DAS e a aplicação pré-emergente de clomazone a 1,0 kg ha^{-1} + monda manual aos 40 DAS foram iguais e resultaram numa redução significativa da absorção de N e P pelas ervas daninhas.

Subrahmaniyan *et al.* (2008) realizaram uma experiência com amendoim durante a estação seca de 2002 e a estação húmida de 2002-2003 na Estação de Investigação Regional, Universidade Agrícola de Tamil Nadu, Vridhachalam, Índia. Os resultados indicaram que as propriedades físicas do solo, como a taxa de perda de água por dia, eram mais elevadas com polietileno transparente e que a condutividade hidráulica do solo era mais elevada com tratamentos aplicados com herbicida. O NPK disponível no solo e a absorção pelas culturas foram mais elevados com a aplicação de herbicidas.

Patel *et al.* (2009) realizaram uma experiência de campo em solo argiloso da Agronomy Instructional Farm, C. P. College of Agriculture, Sardarkrushinagar Datiwada Agricultural University, Sardarkrushinagar, durante as épocas de verão da *kharif* de 2003-04 e 2004-05. A solarização do solo com TPE 0,025 mm durante 45 dias aumentou a temperatura do solo em 10,6^{o} C e 8,6^{o} C em relação ao solo não solarizado a 5 cm e 10 cm de profundidade, respetivamente. Todos os tratamentos com SS retiveram mais humidade do solo do que os não solarizados. O TPE 0,025 mm durante 45 dias melhorou o conteúdo de azoto disponível, fósforo, potássio, Fe, Mn e Cu, enquanto o carbono orgânico, o enxofre e o Zn diminuíram. Também foi observada uma redução na população de fungos, bactérias e actinomicetos.

Rahman *et al.* (2011), que realizaram uma experiência de campo com milho, referiram que o nível de fitotoxicidade do herbicida aplicado no solo varia consoante o tipo de solo. Em particular, é mais provável que ocorram lesões causadas por herbicidas nas culturas de campo em solos de textura ligeira com baixo teor de argila.

Rao *et al.* (2012) realizaram uma experiência de campo durante as épocas kharif e rabi de 2007-08 na College Farm, College of Agriculture, Rajendranagar, revelando que a atividade da enzima desidrogenase foi estimulada com a aplicação de oxadiargil numa dose inferior de 0,75 kg a.i. ha^{-1} .

Sebiomo *et al.* (2016) realizaram uma experiência de campo no Departamento de Ciências Biológicas, Universidade de Educação Tai Solarin, Ijagun, Nigéria, e relataram que o solo tratado com primeextra resultou na atividade de desidrogenase mais baixa (16,09 g^{-1} min^{-1}), enquanto a atividade de desidrogenase mais elevada (20,16 g^{-1} min^{-1}) foi registada no solo tratado com gliposato.

Kumar *et al.* (2012) realizaram a experiência de campo em Palampur durante o *rabi* 2006-08 em mostarda. Ele relatou que pendimethalin @ 0.75 kg ha^{-1} , isoproturon @ 0.75 kg ha^{-1} a par com oxadiargyl @ 0.90 kg ha^{-1} resultaram em um conteúdo de nitrogênio de semente significativamente maior, enquanto a verificação não tratada resultou em menor conteúdo de nitrogênio na semente.

Khan *et al.* (2012) realizaram uma experiência de campo com couve-flor em junho de 2008 e 2009 na Universidade Agrícola KPK, Peshwar, Paquistão, e revelaram que o teor de matéria orgânica e azoto no solo solarizado era máximo em comparação com o solo não solarizado.

Kour *et al.* (2013) realizaram uma experiência de campo com mostarda e grão-de-bico durante a estação *rabi* em Chatha da Universidade de Ciências e Tecnologias Agrícolas Sher-E-Kashmir de Jammu. Ele relatou que a maior quantidade de N, P e K foi removida pelo tratamento sem ervas daninhas, seguido por pendimetalina @ 1 kg ha^{-1} e flucloralina @ 1 kg ha^{-1} , enquanto a menor absorção de N, P e K removida foi observada por isoproturon 20,75 kg ha^{-1} e quizalofop-ethyl @ 50 ml ha^{-1} .

Sofi *et al.* (2014) realizaram o experimento de campo em couve-flor, relataram que houve uma conservação de 5,48% de umidade no solo solarizado em comparação com o não solarizado. A solarização aumentou significativamente a condutividade elétrica, o carbono orgânico, o nitrogênio e o potássio em relação ao solo pré-solarizado. O pH médio, a CE, o Ca, o Mg, o N, o P, o K e o C registados no solo solarizado foram mais elevados do que no solo não solarizado. A solarização do solo reduziu a população de fungos de 25,68 x 10^4 para 4,8 x 10^4 , bactérias de 20,28 x 10^6 para 5,66 x 10^6 , actinomicetos de 31,60 x 10^5 para 4,40 x 10^5 , e a redução da população foi registada mesmo após 90 dias, quando comparada com o solo não solarizado.

Saloum *et al.* (2015) realizaram uma experiência de campo com milho na quinta Abu-Jarash da Faculdade de Agricultura da Universidade de Damasco durante a época *rabi* de 2013. Ele relatou que o maior valor médio de matéria orgânica e teor de nitrogênio foi registrado no solo solarizado em comparação com o solo não solarizado.

Arora *et al.* (2016) revelaram que foi registado um aumento significativo do azoto da biomassa microbiana em 76% e do carbono da biomassa microbiana em 17% com a aplicação de gliposato.

Sharma *et al.* (2016) realizaram uma experiência de campo com soja em Udaipur (Rajastão), relataram que a remoção mínima de N (2,78 kg ha^{-1}) e P (90.40 kg ha^{-1}) pelas ervas daninhas foi observada no tratamento sem ervas daninhas, seguido de perto pela pendimetalina @ 750 g ha^{-1} + monda manual aos 30 DAS e duas mondas manuais aos 15 e 30 DAS, enquanto a remoção total máxima de nutrientes (33,91 kg ha^{-1} N e 4,88 kg ha^{-1} P) foi observada sob controlo de ervas daninhas.

Bamboriya *et al.* (2017) realizaram uma experiência de campo com mostarda durante a estação *rabi* de 2014-15 na Fazenda de Instrução, Faculdade de Agricultura do Rajastão, MPUAT, Udaipur (Rajastão), revelando que a maior absorção de N, P e K foi registada sob duas capinas manuais aos 20 e 40 DAS, seguida de fenoxa-prop-p-ethyl @ 0.075 kg ha^{-1} aos 10 DAS + sachadura aos 40 DAS e fluazifop-p-butyl @ 0.055 kg ha^{-1} DAS + sachadura aos 40 DAS após tratamento sem ervas daninhas.

Gupta *et al.* (2020) realizaram uma experiência de campo com mostarda-milho-milho-feijão-de-corda durante a estação *rabi* de 2014-15 e 2017-18 em Gwalior, Madhya Pradesh, e revelaram que o carbono orgânico do solo aumentou de 0,4 para 0,5 e o pH de 7,6 para 7,8, mas a condutividade eléctrica permaneceu a mesma (0,34 dS m^{-1}) no solo com a aplicação de oxyfluorfen @ 0,23 kg ha^{-1} com uma monda manual a 30-35 DAS.

Singh *et al.* (2020) realizaram uma experiência na quinta de investigação da Universidade Banaras Hindu, Varanasi, Uttar Pradesh, durante a época de *colheita* de 2009-10 e 2010-11 em feijão-frade, e referiram que, no controlo de infestantes, a remoção de N (6,22 e 5,76 kg ha^{-1}), P (3,97 e 3,74 kg ha^{-1}) e K (4,57 e 4,24 kg ha^{-1}) pelas infestantes foi significativamente mais elevada do que no tratamento sem infestantes.

Bhalerao *et al.* (2021) realizaram uma experiência de campo no Departamento de Agronomia, Faculdade de Agricultura, Dhule, durante a *colheita de* 2019, para estudar o efeito de herbicidas pré-emergentes e pós-emergentes, *nomeadamente* atrazina, halossulfurão-metilo, éster etílico de 2-4-D, pendimetalina e tembotriona, na absorção de nutrientes pelo milho doce. Ele relatou que o tratamento sem ervas daninhas com duas capinas manuais registou uma absorção total de N, P e K significativamente mais elevada de 253,16, 84,36 e 259,13 kg ha^{-1} . No entanto, a absorção total de N, P e K significativamente mais baixa de 104,60, 31,98 e 109,94 kg ha^{-1} foi registada no tratamento de controlo de infestantes.

2.3 Economia das medidas de gestão das infestantes

Singh (2006) relatou que a Fluchloralin + uma monda manual aos 25 DAS provou a sua superioridade, proporcionando um retorno líquido máximo (Rs.17291) e um rácio benefício: custo (0,99). O retorno líquido mais baixo de Rs.9265 ha^{-1} e o rácio benefício/custo de 0,54 foram obtidos com o controlo de ervas daninhas.

Mishra (2012) realizou uma experiência de campo durante a estação *rabi* de 2010-11 na Agricultural Research Farm, Department of Agronomy, Institute of Agricultural Sciences, Banaras Hindu University, Varanasi, Uttar Pradesh, em mostarda, tendo referido que todos os tratamentos de controlo de ervas daninhas obtiveram um maior rendimento líquido e uma relação benefício/custo mais elevada do que o controlo de ervas daninhas. Nos tratamentos com herbicidas, o tratamento pré-emergente com oxadiargil @ 0,09 kg ha^{-1} foi o segundo melhor tratamento, dando o maior retorno líquido de Rs.19.596 ha^{-1} e relação benefício: custo de 1,36: 1 devido ao maior rendimento de sementes comparativamente a baixo custo de controle de ervas daninhas. O controle de ervas daninhas produziu um retorno líquido mínimo de Rs.7,539 ha^{-1} e uma relação benefício/custo de 0,56: 1. Isso se deveu à baixa produtividade em condições de ervas daninhas.

Patel *et al.* (2013) realizaram uma experiência de campo na Agronomy Instructional Farm, Sardarkrushinagar Dantiwada Agricultural University, Sardarkrushinagar (Gujarat) durante a estação *rabi* de 2011-2012 em mostarda e relataram que o tratamento com pendimetalina @ 0,5 kg ha^{-1} PE + 1 HW a 25 DAS foi considerado o melhor tratamento, registando a realização líquida máxima (Rs.46.277 ha^{-1}) e relação benefício: custo (3,55).

Kaur *et al.* (2013) realizaram uma experiência de campo na quinta de investigação, Campus principal, Chatha da Universidade de Ciências e Tecnologias Agrícolas Sher-E-Kashmir de Jammu durante a época *rabi* de 2009-10 e 2010-11 em mostarda e grão-de-bico. Ele relatou que os retornos líquidos máximos (17.307 ha^{-1}) e a relação benefício: custo (1,57) foram registados com a aplicação de pendimetalina @ 1 kg ha^{-1} enquanto no segundo ano a maior relação benefício: custo foi obtida com a aplicação de flucloralina @ 1 kg ha^{-1} . No entanto, o benefício mínimo: o custo foi registado no controlo de ervas daninhas.

Padmaja *et al.* (2013) realizaram uma experiência de campo na Estação Regional de Investigação Agrícola, Warangal, Andhra Pradesh, durante 2008-09 e 2010-11 para avaliar a pré-emergência e a pós-emergência isoladas ou a sua integração no controlo de ervas daninhas no feijão-frade. Os autores referiram que os rendimentos líquidos significativamente mais elevados (27 035 kg ha^{-1}) e a relação benefício/custo (3,28) foram registados com a aplicação de pendimetalina seguida de paraquato aos 42 DAS.

Sah *et al.* (2013) realizaram a experiência de campo durante a estação *rabi* de 2004-05 com mostarda, e relataram que os retornos líquidos máximos e o rácio benefício: custo de Rs.24830 ha^{-1} e 3,78 foram alcançados com metribuzina.

Mukherjee *et al.* (2014) realizaram uma experiência de campo com mostarda em Kalimpong durante a estação *rabi* de 2011-12 e 2012-13. Ele relatou que o maior retorno líquido (19.950 ha^{-1}) foi obtido com a capina manual duas vezes, seguido pela aplicação de pendimetalina (0,75 kg ha^{-1}) + HW aos 35 DAS (19.850 ha^{-1}). A relação benefício/custo máxima (2,06) foi registada com a aplicação de pendimetalina (1,25 kg ha^{-1}) e seguida de perto pela aplicação de pendimetalina (0,75 kg ha^{-1}) + HW aos 35 DAS.

Kumar *et al.* (2015) realizaram uma experiência de campo com grão-de-bico e mostarda durante a época de *rabi* de 2008-09 e 2009-10 em Kanpur, tendo constatado que o valor mais elevado da relação benefício/custo foi registado na monda manual (2,31), seguida do quizalofope-etilo @ 60 g ha^{-1} .

Gupta *et al.* (2017) realizaram uma experiência de campo no Rajastão durante duas épocas de *rabi* consecutivas de 2013-14 e 2014-15 para estudar o efeito das práticas de gestão de ervas daninhas no rendimento e na economia do grão-de-bico, relataram que a aplicação pré-emergência de pendimetalina 30 EC 6 + imezathapyr 2 EC registou os maiores retornos líquidos monetários (Rs.20208 ha^{-1}) e relação benefício: custo (2,00).

Rathod *et al.* (2017) realizaram um estudo de campo durante as estações *rabi* de 2012-13, 2013-14 e 2014-15 na Agricultural Research Station, Gulbarga (Karnataka) para avaliar o efeito da pré-emergência e pós-emergência nas ervas daninhas e na produtividade do grão-de-bico. Eles revelaram que um rendimento significativamente maior (Rs.1198 ha^{-1}), retornos líquidos (Rs.25107 ha^{-1}) e relação benefício: custo (2,10) foram registrados com a aplicação de pendimetalina 38 por cento CS @ 0,75 kg a.i.ha^{-1} + capina manual em 30-35 DAS e pendimetalina 30 EC @ 0,75 kg a.i.ha^{-1} + imazethapyr 2 por cento @ 1,0 kg ha^{-1} PE + uma enxada em 30-35 DAS.

Gupta *et al.* (2020) conduziram um experimento de campo com mostarda, alfafa e feijão-caupi durante a temporada de *rabi* 2014-15 e 2017-18 em Gwalior, Madhya Pradesh, relataram que uma relação benefício: custo significativamente maior (3,21) foi registrada com a aplicação de pendimetalina @ 1,0 kg ha^{-1} sozinho, mas os retornos monetários líquidos foram registrados mais altos (Rs.45747 ha^{-1}) com a aplicação de oxyflourfen + uma capina manual em 25-30 DAS. No entanto, o menor benefício: relação custo (2,87) e retornos monetários líquidos (Rs.40709 ha^{-1}) foram registados em parcelas de controlo de ervas daninhas.

Singh *et al.* (2020) realizaram uma experiência de campo em Ayodya durante a época rabi de 2017-18. Ele relatou que o retorno bruto máximo de (Rs.102326 ha^{-1}) e o retorno líquido de (Rs.72862 ha^{-1}) observados na monda manual aos 20 e 40 DAS e na aplicação pré-emergente de pendimetalina 1,00 kg a.i. kg ha^{-1} juntamente com duas mondas manuais aos 30 DAS.

Meena *et al.* (2020) realizaram uma experiência de campo em clusterbean durante a kharif 2015 e 2016 na Faculdade de Agricultura, Udaipur, revelaram que foi observado um maior rendimento de sementes (1119 kg ha^{-1}) com a aplicação pré-emergente de pendimetalina + imazethapyr @ 0,8 kg ha^{-1} PE + HW aos 30 DAS e relação benefício: custo (2,41).

CAPÍTULO III
MATERIAIS E MÉTODOS

A presente investigação intitulada "Efeito da solarização do solo e das práticas de gestão de ervas daninhas no desempenho da mostarda em solo laterítico de Konkan" foi realizada na Quinta do Departamento de Agronomia, Faculdade de Agricultura, Dapoli, Dist. Ratnagiri (M.S.) durante o *rabi*, 2020-21. Os pormenores dos métodos adoptados e dos materiais utilizados durante a investigação são apresentados neste capítulo.

3. 1. Localização do sítio experimental

A pesquisa foi realizada na Fazenda do Departamento de Agronomia, Faculdade de Agricultura, Dapoli, Dist. Ratnagiri durante o *rabi* 2020-21. A experiência foi realizada na parcela n.º 44. A topografia da parcela experimental era uniforme e nivelada. O local foi selecionado com base na aptidão do terreno para a cultura da mostarda.

3. 2 características do solo do sítio experimental

A amostra de solo foi recolhida da camada superior de 0 a 30 cm utilizando um parafuso sem-fim antes do início da experiência de campo. A amostra de solo recolhida foi então analisada quanto a várias propriedades químicas e físicas do solo através da adoção de vários métodos.

Quadro 1: Propriedades físicas e químicas iniciais do solo do campo experimental

Particularidades	Valores	Método utilizado
I) Propriedades físicas		
Distribuição do tamanho das partículas		
Areia (%)	48.30	

Silte (%)	22.50	Método do hidrómetro de Bouyoucos (Jackson, 1973)
Argila (%)	29.20	
Classe textural	Franco-argiloso arenoso	Utilização do triângulo textural fornecido pelo ISSS

II) Propriedades químicas		
pH do solo (1:2,5)	6.17	Método potenciométrico (Jackson, 1973)
CE (dSm $)^{-1}$	0.13	Método potenciométrico (Jackson, 1973
Carbono orgânico (g kg $)^{-1}$	15.00	Método de oxidação húmida de Walkey e Black (Black, 1965)
N disponível (kg ha $)^{-1}$	277.08	Método do permanganato alcalino (Subbaih e Asija, 1956)
P disponível O_{25} (kg ha $)^{-1}$	11.80	Método de Bray (Bray's e Kurtz 1945)
K disponível$_2$ O (kg ha $)^{-1}$	287.50	Fotómetro de chama (Jackson, 1973)

3. 3 Condições climatéricas

Agronomy Department, College of Agriculture, Dapoli, Dist. Ratnagiri situa-se numa região tropical a 17° 45'55" de latitude norte e 73° 10'26" de longitude leste, com uma altitude de 250 m acima do nível médio do mar. O clima em Dapoli é húmido, morno e quente. A precipitação média anual em Dapoli é de 3500 mm, distribuídos entre o início de junho e o fim de setembro, com uma média de 95 a 100 dias de chuva. Os dados relativos a diferentes parâmetros meteorológicos registados no observatório meteorológico da Escola Superior de Agricultura de Dapoli durante o período de crescimento da cultura experimental são apresentados no quadro 2.

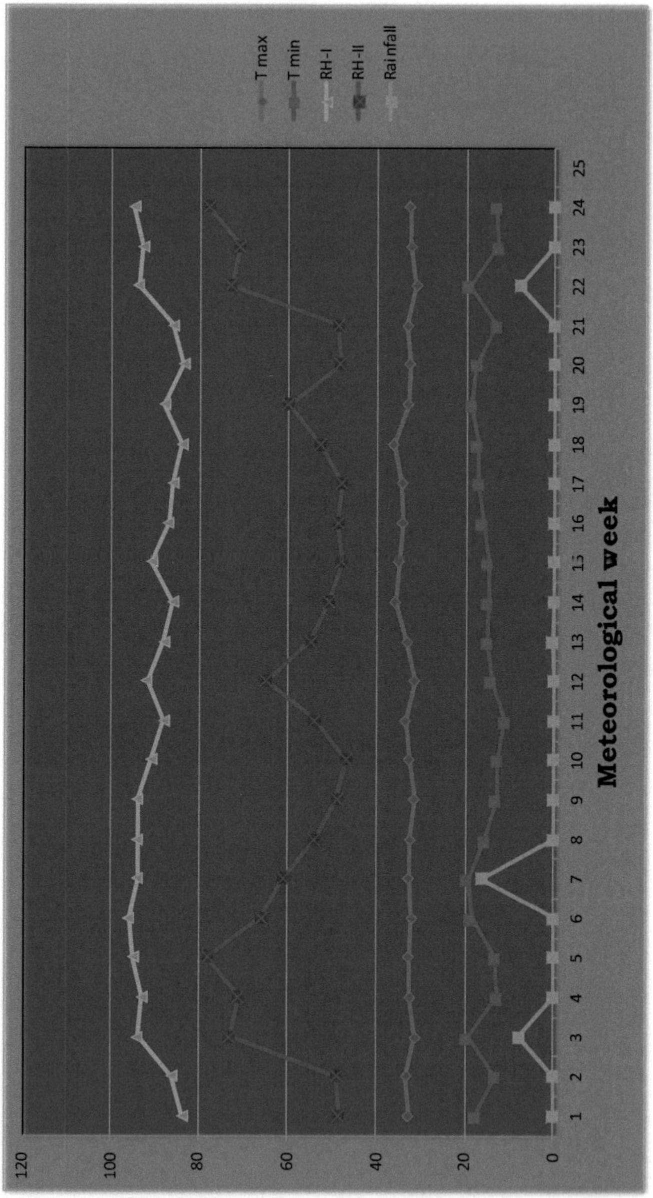

Fig. 1: Dados meteorológicos semanais influenciados pelos diferentes tratamentos

Quadro 2: Observações meteorológicas durante o período de crescimento da cultura

Período	MW	Temperatura °C		Humidade relativa média (%)		Precipitação (mm)	RD	Brilho do sol (horas do dia)$^{-1}$
		Máximo.	Min.	RH-I	RH-II			
26.11-02.12	**48**	32.6	17.6	83.6	48.4	0.0	0	8.5
03.12-09.12	**49**	33.3	13.1	86	49	0.0	0	9.2
10.12-16.12	**50**	31.2	19.4	94	73	7.9	1	4.6
17.12-23.12	**51**	32.4	12.7	93	71	0.0	0	8.6
24.12-31.12	**52**	32.6	13.1	95	78	0.0	0	8.5
01.01-07.01	**1**	32.0	18.5	96	66	0.0	0	5.3
08.01-14.01	**2**	32.7	19.3	94	61	16.4	2	5.9
15.01-21.01	**3**	32.4	15.6	94	54	0.0	0	7.8
22.01-28.01	**4**	31.5	12.9	94	49	0.0	0	8.4
29.01-04.02	**5**	32.7	12.8	91	47	0.0	0	8.6
05.02-11.02	**6**	33.4	11.2	88	54	0.0	0	9.3
12.02-18.02	**7**	31.5	14.1	92	65	0.0	0	8.3
19.02-25.02	**8**	33.3	15.2	88	55	0.4	0	7.3
26.02-04.03	**9**	35.8	15.0	86	51	0.0	0	9.8
05.03-11.03	**10**	35.0	14.9	91	48	0.0	0	9.4
12.03-18.03	**11**	34.3	16.2	87	49	0.0	0	9.0
19.03-25.03	**12**	34.4	17.2	86	48	0.0	0	8.1
26.03-01.04	**13**	36.2	17.4	84	53	0.0	0	9.2
02.04-08.04	**14**	33.1	18.8	88	60	0.0	0	8.9

26.11-02.12	**48**	32.6	17.6	83.6	48.4	0.0	0	8.5
03.12-09.12	**49**	33.3	13.1	86	49	0.0	0	9.2
10.12-16.12	**50**	31.2	19.4	94	73	7.9	1	4.6
17.12-23.12	**51**	32.4	12.7	93	71	0.0	0	8.6
24.12-31.12	**52**	32.6	13.1	95	78	0.0	0	8.5

3.4 Historial de culturas da parcela experimental

A sequência de culturas seguida na parcela experimental durante os quatro anos anteriores da experimentação até à conclusão da mesma é apresentada no Quadro 3.

Quadro 3: Historial de culturas da parcela experimental

Anos	**Época**	
	Quaresma	***Rabi***
2016-2017	Arroz	Mung
2017-2018	Arroz	Amendoim
2018-2019	Arroz	feijão-frade
2019-2020	Arroz	País de Gales
2020-2021	Arroz	**Cultura experimental (mostarda)**

3.5 Pormenores experimentais

O experimento de campo foi realizado em esquema de parcelas em faixas. O tratamento da parcela principal consistiu em três tipos de tratamentos de solarização (30 dias) e os tratamentos da subparcela consistiram em quatro tipos de medidas de manejo de ervas daninhas que são apresentadas na Tabela 4. Houve 12 combinações de tratamentos e três repetições.

Os pormenores dos tratamentos, juntamente com os símbolos utilizados no plano de disposição, são os seguintes

Quadro 4: Pormenores do tratamento e símbolos utilizados

A) Tratamentos da parcela principal - Solarização (30 dias)	
Tratamentos	**Símbolos**
1)Solarização do solo com polietileno preto (20 microns)	S_1
2)Solarização do solo com polietileno transparente (20 mícrones)	S_2
3)Controlo (sem solarização)	S_3
B) Tratamentos das subparcelas - Gestão das infestantes medidas	
1)Aplicação pré-emergência (Oxadiargil 80 % WP @ 100 g ha)$^{-1}$	W_1
2) Aplicação pós-emergência (Quizalofope etílico 10 %) CE @ 45 gha)$^{-1}$	W_2
3)Controlo sem ervas daninhas (20 e 40 DAS)	W_3
4) Controlo de infestantes	W_4

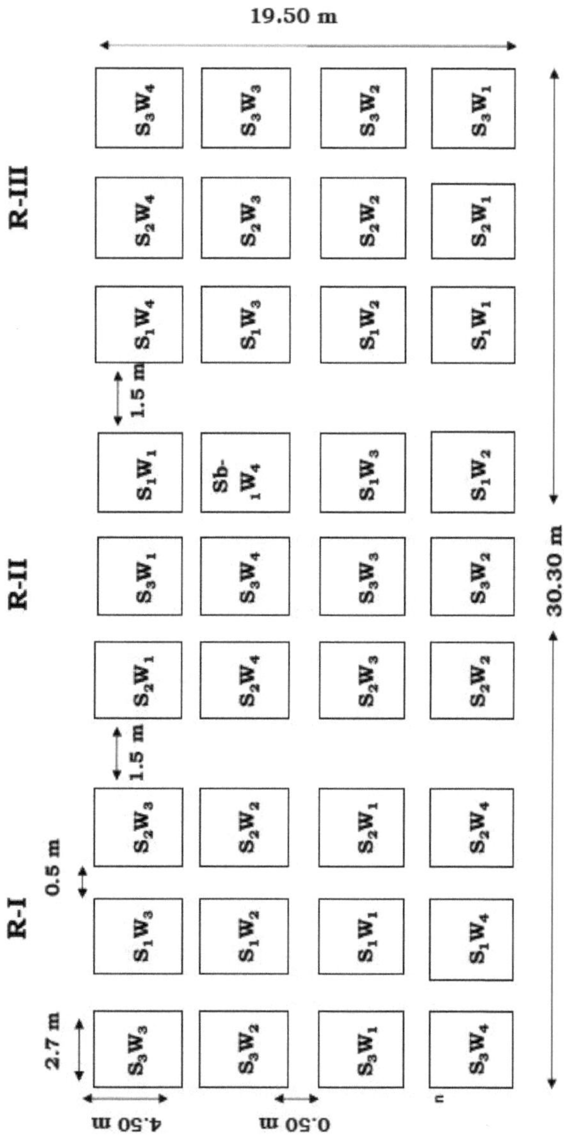

Fig 2: Planta da disposição da parcela experimental

3.6 Esquema experimental

a) Cultura	:	Mostarda
b) Variedade	:	Varuna
c) Conceção experimental	:	Conceção de parcelas de faixas
d) Número de repetições	:	Três
e) Número total de parcelas	:	36
f) Dimensão da parcela	:	Dimensão bruta da parcela - 4,50 m x 2,70 m Tamanho líquido do terreno - 3,90 m x 2,50 m
g) Espaçamento	:	30 cm x 15 cm
h) Data de sementeira	:	29 de dezembro de 2020
i) R.D.F	:	90:45:00 N:P O_{25} :K_2 O kg ha^{-1}
j) Época	:	*Rabi*, 2020-21
k)Data da colheita	:	10 de abril, 2021

3. 7 Acções culturais

Os pormenores das operações culturais efectuadas durante o inquérito são apresentados no quadro 5.

Quadro 5: Calendário das operações culturais efectuadas na parcela experimental durante o *Rabi*, 2020-21.

N.º Sr.	Operações no terreno	Data de funcionamento
A)	**Lavoura preparatória**	

1.	Lavoura por trator	21-11-2020
2.	Trituração de torrões por rotavator puxado por trator	23-11-2020
3.	Nivelamento	23-11-2020
B)	**Operações no terreno**	
1.	Esquema da experiência	24-11-2020
2.	Solarização do solo com polietileno (30 dias)	28-11-2020
3.	Remoção de polietileno	28-12-2020
4.	Preparação das plataformas e marcação	29-12-2020
C)	**Aplicação de fertilizantes**	
1.	Meia dose de azoto e dose completa de fósforo	29-12-2020
2.	Meia dose restante de azoto	24-01-2021
D)	**Semeadura**	29-12-2020

E)	**Aplicação de herbicidas**	
1.	Aplicação pré-emergência (Oxadiargil 80 % WP @ 100g ha $)^{-1}$	31-12-2020
2.	Aplicação pós-emergência (Quizalofope etílico 10 % CE @ 45 g ha $)^{-1}$	19-01-2021
F)	**Operações interculturais**	
1.	Preenchimento de lacunas e desbaste	05-01-2021
G)	**Calendário de irrigação**	
1.	1st Irrigação	29-12-2020
2.	2nd Irrigação	14-01-2021
3.	3rd Irrigação	21-01-2021

4.	4th Irrigação	05-02-2021
5.	5th Irrigação	16-02-2021
6.	6th Irrigação	27-02-2021
7.	7th Irrigação	17-03-2021
H)	**Medidas fitossanitárias**	
	Pulverização de dimetoato	14-03-2021
I)	**Monda**	
	1st monda em controlo sem ervas daninhas	18-01-2021
	2nd monda em controlo sem ervas daninhas	12-02-2021
J)	**Colheita**	10-04-2021
K)	**Secagem de plantas ao sol**	11-03-2021 12-03-2021 13-03-2021
L)	**Debulha**	14-03-2021 15-03-2021
M)	**Secagem das sementes ao sol**	16-04-2021 17-04-2021 18-04-2021
N)	**Observações de rendimento**	20-04-2021

3.8 Pormenores das operações no terreno

3.8.1 Lavoura preparatória

Após a colheita da cultura anterior, o campo experimental foi lavrado com a ajuda de uma charrua puxada por trator. A trituração dos torrões foi efectuada com a ajuda de um rotavator e nivelada com a ajuda de uma prancha. Deste modo, a parcela ficou pronta para ser disposta.

3.8.2 Disposição do campo

A disposição da experiência foi feita de acordo com o esquema de parcelas em faixas. Depois disso, a solarização do solo com a ajuda de polietileno preto e transparente foi feita durante 30 dias. Após 30 dias, o polietileno foi retirado manualmente e o campo ficou pronto para a sementeira.

3.8.3 Sementes e sementeiras

As sementes de mostarda (variedade: Varuna) foram recolhidas no Departamento de Agronomia da Faculdade de Agricultura de Dapoli. O espaçamento entre linhas foi de 30 cm e 15 cm entre plantas foi mantido durante a sementeira. A taxa de semente necessária foi de 0,5 kg ha^{-1} .

3.8.4 Preenchimento de lacunas e desbaste

O preenchimento de lacunas e o desbaste foram efectuados 10 dias após a sementeira para manter a população uniforme de plantas.

3.8.5 Aplicação de fertilizantes

Os fertilizantes foram aplicados em marcações feitas com um marcador de 30 cm. O RDF de 90:45:00 de N:P:K foi aplicado de acordo com a recomendação. Dose completa de fósforo (45 kg ha^{-1}) foi dada como dose basal, enquanto o nitrogênio foi dado em duas divisões, Meia dose de nitrogênio (45 kg ha^{-1}) foi dada como dose basal e a meia dose restante de nitrogênio foi dada como cobertura após 30 dias de semeadura. O azoto foi fornecido através de ureia (46% N) e o fósforo através de super fosfato simples (16% $P\ O_{25}$).

3.8.6 Práticas de gestão das infestantes

Os herbicidas oxadiargil e quizalofop-ethyl foram aplicados em pré-emergência e pós-emergência, de acordo com o tratamento. A monda manual foi efectuada de acordo com os tratamentos.

Sr. Não	**Denominação química**	**Modo de ação do herbicida**	**Nome comercial**	**Química fórmula**
1.	Oxadiargi l	Inibição da proto porfirinogénio oxidase (PPO)	Topstar 80 WP	C H C N $O_{15141223}$
2.	Quizalofo pe etilo	Inibição da síntese de ácidos gordos-acetil-CoA carboxilase (ACCase)	Targa super (30% CE)	C H C N $O_{1917124}$

3.8.7 Medidas de proteção das plantas

A infestação de pulgões foi notada no campo experimental durante a fase de crescimento da cultura. Por isso, foi feita uma pulverização com dimetoato @ 0,5 Kg ha^{-1} para controlar os afídeos.

3.8.8 Irrigação

A primeira irrigação foi efectuada imediatamente após a sementeira. As restantes regas subsequentes foram efectuadas em função das fases de crescimento da cultura.

3.8.9 Colheita e debulha

A colheita da mostarda era efectuada com a ajuda de uma foice, cortando a planta ao nível do solo quando a cultura estava completamente madura. A planta era atada em feixes e transportada para a eira para secagem. A debulha era efectuada batendo nas plantas quando estas estavam completamente secas. Em seguida, procedia-se à peneiração e à limpeza das sementes e registava-se o rendimento.

3.9 Observações biométricas

3.9.1 Estudos de crescimento da mostarda

Para estudar o efeito dos vários tratamentos no crescimento e desenvolvimento da cultura da mostarda, foram registadas observações periódicas aos 30, 60, 90 DAS e na colheita durante todo o período de crescimento da cultura da mostarda.

3.9.2 Técnicas de amostragem

Para excluir o efeito da linha de fronteira, foram seleccionadas aleatoriamente e marcadas cinco plantas da parcela da rede para registar observações biométricas periódicas. As observações de crescimento, *nomeadamente a* altura da planta e o número de ramos por planta, foram registadas nas plantas seleccionadas aos 30, 60, 90 DAS e na colheita. Além disso, as observações de todos os caracteres que atribuem rendimento, *nomeadamente o* número de síliquas da planta^{-1} , o comprimento das síliquas (cm), o peso das síliquas da planta^{-1} (g), o peso das sementes da planta^{-1} (g) e o peso de 1000 sementes foram registados nas mesmas plantas seleccionadas após a colheita. A população de plantas da parcela líquida foi registada aos 20 dias após a sementeira e na colheita.

3.9.3 Estudos pré-colheita da mostarda

a. População de plantas

A contagem da população de plantas foi registada na área líquida da parcela inicial (20 DAS) e na colheita para cada tratamento.

b. Altura da planta (cm)

A altura das plantas foi medida a partir da base da planta, ou seja, do nível do solo até à ponta da última folha completamente aberta das plantas marcadas.

c. Número de ramos da planta^{-1}

O número total de ramos de plantas seleccionadas ao acaso foi contado a intervalos fixos de 30, 60, 90 DAS e na colheita.

Quadro 6: Detalhes das observações biométricas e outras observações registadas nos tratamentos

N.º Sr.	Particularidades	Freq.	Dias após a sementeira
A)	**Estudos de populações de plantas**		
1.	Inicial	1	20 DAS
2.	Na colheita	1	Na colheita
B)	**Estudos pré-colheita**		
1.	Altura da planta (cm)	4	30, 60, 90 DAS e na colheita
2.	Número de ramos da planta^{-1}	4	30,60, 90 DAS e na colheita
C)	**Estudos pós-colheita**		
1.	Número de plantas de siliqua^{-1}	1	Na colheita

2.	Peso da síliqua por planta (g)	1	Na colheita
3.	Comprimento da síliqua (cm)	1	Na colheita
4.	N.º de sementes siliqua^{-1}	1	Na colheita
5.	Peso da planta de semente^{-1} (g)	1	Na colheita
6.	Peso de 1000 sementes (g)	1	Na colheita
7.	Rendimento das sementes (q ha)$^{-1}$	1	Na colheita
8.	Rendimento em palha (q ha)$^{-1}$	1	Na colheita
9.	Índice de colheita (%)	1	Na colheita
D)	**Estudos de ervas daninhas**		
1.	Número de contagens de ervas daninhas	3	30,60 DAS e na colheita
2.	Acumulação de matéria seca de Ervas daninhas (g)	3	30,60 DAS e na colheita
E)	**Índices de infestantes**		
1.	Eficiência de controlo das infestantes (%)	1	Após a colheita
2.	Índice de infestantes (%)	1	Após a colheita
F)	**Análise química**		
I)	**Análise inicial do solo**		
1.	pH	1	Antes da sementeira
2.	Condutividade eléctrica (dS m)$^{-1}$	1	Antes da sementeira

3.	Carbono orgânico (g kg)$^{-1}$	1	Antes da sementeira
4.	Azoto disponível (kg ha)$^{-1}$	1	Antes da sementeira
5.	Fósforo disponível (kg ha)$^{-1}$	1	Antes da sementeira
6.	Potássio disponível (kg ha)$^{-1}$	1	Antes da sementeira
II)	**Análise do solo aquando da colheita**		
1.	Azoto disponível (kg ha)$^{-1}$	1	Na colheita
2.	Fósforo disponível (kg ha)$^{-1}$	1	Na colheita
3.	Potássio disponível (Kg ha)$^{-1}$	1	Na colheita
III)	**Estudos de absorção de culturas**		
1.	Absorção de azoto (kg ha)$^{-1}$	1	Na colheita
2.	Absorção de fósforo (kg ha)$^{-1}$	1	Na colheita
3.	Absorção de potássio (kg ha)$^{-1}$	1	Na colheita
IV)	**Estudos de absorção de ervas daninhas**		
1.	Absorção de azoto (kg ha)$^{-1}$	1	Na colheita
2.	Absorção de fósforo (kg ha)$^{-1}$	1	Na colheita
3.	Absorção de potássio (kg ha)$^{-1}$	1	Na colheita

3.9.4 Estudos pós-colheita

a. Número de plantas de síliquas^{-1}

O número de síliquas de cinco plantas de observação seleccionadas ao acaso foi contado na altura da colheita. A média foi calculada e expressa como número médio de síliquas por $planta^{-1}$.

b. Comprimento das síliquas (cm)

O comprimento das síliquas de cinco plantas de observação seleccionadas foi medido com a ajuda de uma escala.

c. Peso da planta $siliquae^{-1}$ (g)

Na altura da colheita, o peso das síliquas foi contado em plantas de observação seleccionadas ao acaso. A média foi calculada e expressa como peso médio da planta de $síliqua^{-1}$.

d. Número de sementes $siliquae^{-1}$

Foram colhidas cinco síliquas, debulhadas e limpas separadamente das plantas de observação. O número de sementes foi contado e a média foi calculada.

e. Peso da planta de $sementes^{-1}$ (g)

Depois de debulhar, limpar e pesar as sementes de cinco plantas seleccionadas ao acaso, calculou-se o peso médio das sementes.

f. Peso de 1000 sementes (g)

Foram contadas 1000 sementes e o peso foi registado de acordo com os tratamentos de amostras representativas.

g. Rendimento das sementes $(q\ ha)^{-1}$

Após a debulha e a secagem, o rendimento do grão foi obtido em cada parcela de rede e o peso foi convertido em $q\ ha^{-1}$.

h. Rendimento em palha $(q\ ha)^{-1}$

O rendimento da palha foi calculado através da pesagem da palha seca remanescente após a debulha de cada parcela de rede. O rendimento foi convertido em q ha^{-1} .

i. Índice de colheita

O índice de colheita foi calculado dividindo o rendimento económico (rendimento de sementes) pelo rendimento biológico (produto total). Foi expresso através da seguinte fórmula.

$$\text{Índice de colheita} = \frac{\text{Economic yield}}{\text{Biological yield}} \times 100$$

3.10 Estudos de infestantes

3.10.1 Densidade de infestantes (m)$^{-2}$

Na parcela em rede, a intensidade das ervas daninhas foi calculada por método quantitativo. Para o efeito, um quadrante de 0,5 x 0,5 m^{-2} foi colocado aleatoriamente na parcela em rede. As ervas daninhas presentes no quadrante foram contadas aos 30, 60 DAS e na colheita.

3.10.2 Matéria seca de infestantes (g m)$^{-2}$

Para registar a matéria seca das ervas daninhas, as ervas daninhas de 0,5 x 0,5 m^{-2} foram arrancadas aos 30, 60 DAS e na colheita, que foram mantidas em sacos de papel castanho para secagem ao sol (3-4 dias) após limpeza e separação das raízes da região do colarinho. Após a secagem ao sol, as amostras foram novamente secas em estufa a 60-70° C durante 3-4 dias e o peso foi registado imediatamente após a remoção da estufa.

3.10.3 Transformação da raiz quadrada

Nos estudos sobre as ervas daninhas, as observações da população de ervas daninhas e o seu peso seco foram registados aos 30, 60 DAS e na colheita. Os valores destas observações em alguns tratamentos de gestão de ervas daninhas eram muito escassos. Por conseguinte, para conveniência da análise estatística, os dados foram convertidos em transformação de raiz quadrada utilizando a seguinte fórmula para os valores que variam de 0 a 10 (Anonymous 2012).

Transformação de raiz quadrada = $\sqrt{x + 0.5}$

Onde,

X = o valor observado que varia de 0 a 10. Quando o valor da observação era superior a 10, a raiz quadrada efectiva do respetivo valor foi considerada para transformação em raiz quadrada.

3.11 Índices de infestantes

3.11.1 Eficiência do controlo de infestantes (%)

A eficiência do controlo das ervas daninhas foi calculada com base na redução do peso seco das ervas daninhas dos tratamentos dados em comparação com o peso das ervas daninhas no tratamento sem ervas daninhas. (Mani *et al.*,1973)

$$\text{Eficiência do controlo das infestantes} = \frac{W0 - Wt}{W0} \text{x } 100$$

Onde,

W_0 = Peso seco das ervas daninhas da parcela sem ervas daninhas.

W_1 = Peso seco das ervas daninhas da parcela tratada.

3.11.2 Índice de infestantes (%)

O índice de infestantes é a redução do rendimento da cultura devido à presença de infestantes em comparação com o controlo sem infestantes, que é dado pela seguinte fórmula. (Gill e Kumar 1969).

$$\text{Índice de infestantes (WI)} = \frac{X-Y}{X} \times 100$$

Onde,

X = Rendimento da parcela sem infestantes.

Y = Rendimento da parcela tratada em relação à qual deve ser efectuado o trabalho WI.

3.12 Análise química

3.12.1 Análise do solo

As primeiras amostras de solo foram recolhidas no campo antes das operações de preparação do terreno. Do mesmo modo, após a colheita da cultura, foram recolhidas amostras de solo da respectiva parcela de rede. As amostras foram secas ao ar e devidamente peneiradas. A análise das propriedades químicas das amostras de solo inicial e pós-colheita foi efectuada por métodos adequados.

3.12.2 Análise das instalações

As plantas amostradas de cada parcela da rede foram colhidas e utilizadas para a análise química do grão e da palha. As amostras secas foram moídas em pó fino e guardadas em sacos devidamente rotulados. Do mesmo modo, as amostras de ervas daninhas foram preparadas e conservadas da mesma forma e utilizadas para a estimativa do azoto total pelo método de Micro-kjeldahl (Tandon, 1993), o fósforo total foi estimado pelo método do molibdovanadato de amónio (Tandon, 1993) e o potássio total foi determinado pelo método do fotómetro de chama (Tandon, 1993).

3.12.3 Estudos de conteúdo e de adoção

a) Teor de azoto nas sementes e na palha (%)

O teor de azoto no grão e na palha de mostarda foi determinado separadamente pelo método de Micro-kjeldahl modificado (Piper, 1956).

b) Acumulação de azoto nas sementes e na palha (kg ha)$^{-1}$

A partir do respetivo valor percentual, a acumulação de azoto nas sementes e na palha foi calculada multiplicando a produção de sementes e de palha por hectare.

c) Absorção total de azoto (kg ha)$^{-1}$

Foi calculado pela adição da acumulação de azoto nas sementes e na palha registada em cada tratamento.

d) Teor de fósforo nas sementes e na palha (%)

O teor de fósforo nas sementes e na palha foi determinado separadamente pelo método calorimétrico.

e) Acumulação de fósforo nas sementes e na palha (kg ha)$^{-1}$

Este valor foi determinado separadamente do rendimento de sementes e de palha por hectare, respetivamente.

f) Absorção total de fósforo (kg ha)$^{-1}$

Foi calculado pela adição da absorção de fósforo na semente e na palha dos respectivos tratamentos.

g) Teor de potássio nas sementes e na palha (%)

O teor de potássio nas sementes e na palha foi determinado com a ajuda do fotómetro de chama (Jackson, 1973).

h) Acumulação de potássio nas sementes e na palha (kg ha)$^{-1}$

Foi calculado multiplicando o rendimento das sementes e da palha pelo respetivo valor percentual.

i) Absorção total de potássio (kg ha)$^{-1}$

Foi calculado pela adição da acumulação de potássio na semente e na palha dos respectivos tratamentos.

j) Teor de azoto nas ervas daninhas (%)

O teor de azoto nas ervas daninhas foi determinado separadamente pelo método de Micro-kjeldahl modificado (Piper, 1956).

k) Absorção total de azoto pelas infestantes (kg ha)$^{-1}$

Foi calculado multiplicando o peso seco pelo respetivo valor percentual.

l) Teor de fósforo nas ervas daninhas (%)

O teor de fósforo nas ervas daninhas foi determinado separadamente pelo método calorimétrico.

m) Absorção total de fósforo pelas infestantes (kg ha)$^{-1}$

Foi calculado multiplicando o peso seco pelo respetivo valor percentual.

n) Teor de potássio nas ervas daninhas (%)

Foi calculada multiplicando o peso seco pelo respetivo valor percentual (Jackson, 1973).

o) Absorção total de potássio (kg ha)$^{-1}$

Foi calculado pela adição da acumulação de potássio no peso seco das ervas daninhas dos respectivos tratamentos.

3.13 Análise estatística

Os dados experimentais foram analisados estatisticamente através da aplicação da técnica de análise de variância, conforme aplicável no projeto de parcelas em faixas. A significância da diferença de tratamento foi testada pelo teste da razão de variância (valor f), a diferença crítica (C.D) ao nível de 5% de probabilidade foi trabalhada para comparação e interpretação estatística da significância entre a média dos tratamentos (Panse e Sukhatme, 1967). Os resultados são apresentados em tabelas e representados por gráficos e figuras sempre que necessário.

3.14 Economia dos tratamentos

Com base nos resultados obtidos nas experiências de campo, procedeu-se a uma análise económica. Os rendimentos brutos em rupias por hectare foram calculados com base na produção de sementes e de palha de mostarda do respetivo tratamento. Foram tidos em conta os preços de mercado do grão e da palha. Do mesmo modo, o custo de cultivo da cultura em cada tratamento foi calculado tendo em conta o custo de todos os factores de produção e operações até à colheita. O rendimento líquido foi calculado deduzindo o custo de cultivo dos rendimentos brutos. O rácio B: C para cada tratamento foi calculado dividindo os rendimentos brutos pelos custos de cultivo.

a. Rendimentos brutos (Rs. ha)$^{-1}$

O rendimento bruto ha^{-1} foi calculado com base na produção de sementes e palha de mostarda obtida em diferentes tratamentos. Considerando o preço prevalecente no mercado durante o ano 2020-21.

b. Custo de cultivo (Rs. ha)$^{-1}$

O custo das culturas ha^{-1} foi calculado para cada tratamento, considerando os encargos correntes das operações agrícolas, incluindo os encargos de mão de obra e o preço de mercado dos factores de produção envolvidos.

c. Rendimentos líquidos

Os rendimentos líquidos ha^{-1} foram calculados para cada tratamento individual, deduzindo o custo total de cultivo de cada tratamento dos rendimentos brutos dos respectivos tratamentos.

d. Rácio benefício-custo

O rácio benefício-custo de cada tratamento foi calculado dividindo os rendimentos brutos pelo custo de cultivo de cada tratamento.

$$\text{Rácio benefício-custo} = \frac{\text{Gross returns}}{\text{Cost of cultivation}}$$

CAPÍTULO IV
RESULTADOS EXPERIMENTAIS

Um experimento de campo intitulado "Efeito da solarização do solo e práticas de manejo de ervas daninhas no desempenho da mostarda em solo laterítico de Konkan" conduzido durante o *rabi*, 2020-21 na Fazenda Agronômica, Departamento de Agronomia, Faculdade de Agricultura, Dapoli. Os resultados experimentais são apresentados sob os seguintes títulos.

4.1 Estudos de populações de plantas

4.2 Estudos de crescimento e desenvolvimento de plantas

4.3 Rendimento e atributos do rendimento

4.4 Estudos de rendimento

4.5 Estudos de ervas daninhas

4.6 Estudos de teor e absorção de nutrientes

4.7 Propriedades do solo (após a colheita)

4.8 Economia da cultura da mostarda

4.1 Estudos de populações de plantas

Os dados relativos à população média de plantas por parcela líquida de mostarda influenciada pelos diferentes tratamentos no início e na colheita são apresentados no quadro 7.

A análise dos dados mostrou que as diferenças no número médio de plantas por parcela em todos os tratamentos não foram significativas aos 20 DAS e na colheita. Assim, a variação no rendimento da mostarda sob diferentes tratamentos não se deveu à população de plantas, mas apenas ao efeito dos tratamentos.

Tabela 7: População de plantas m^{-2} de mostarda influenciada por

tratamentos diferentes.

	Tratamentos	População de plantas (m)$^{-2}$	
		A 20 DAS	**Na Colheita**
(A)	**Tratamentos da parcela principal - Solarização (30 dias)**		
S_1	Solarização do solo com polietileno preto	218119.66	215128.21
S_2	Solarização do solo com polietileno transparente	218803.42	215726.50
S_3	Controlo (sem solarização)	217863.25	214615.38
	S.Em±	261.12	709.11
	C. D.a 5%	NS	NS
(B)	**Tratamentos das subparcelas - Medidas de gestão das infestantes**		
W_1	Aplicação pré-emergência de oxadiargil 80% WP @ 100 g ha^{-1}	218575.50	215384.62
W_2	Aplicação pós-emergência de quizalofope etílico 10 % CE @ 45 ha^{-1}	218005.70	215156.70
W_3	Controlo sem ervas daninhas (20 DAS e 40 DAS)	218689.46	215612.54
W_4	Controlo de infestantes	217777.78	214472.93
	S.Em±	349.70	633.65
	C. D.a 5%	NS	NS
(C)	**Efeito de interação**		
	S.Em±	1184.31	1674.86
	C. D.a 5%	NS	NS
	Média geral	218262.11	215156.70

Efeito da solarização do solo

A população de plantas de mostarda na fase inicial e na colheita não diferiu significativamente devido ao efeito da solarização do solo.

Efeito das medidas de gestão das infestantes

Na fase inicial e na colheita, a população de plantas de mostarda por parcela de rede em todos os tratamentos não diferiu significativamente devido às medidas de gestão das infestantes.

Efeito de interação

Os dados apresentados no Quadro 7 mostram que o efeito da interação entre a solarização do solo e as medidas de gestão das infestantes não foi significativo no que diz respeito à população de plantas na fase inicial e na colheita.

4.2 Estudos de crescimento e desenvolvimento de plantas

Os dados apresentados no quadro 8 mostram os resultados obtidos com diferentes tratamentos nos parâmetros de crescimento e desenvolvimento das plantas.

4.2.1 Altura da planta (cm)

A altura média periódica das plantas de mostarda, influenciada pelos diferentes tratamentos em vários estádios de crescimento das plantas, é apresentada no Quadro 8.

A altura da planta foi aumentando com o aumento da idade e foi máxima na colheita. A altura média das plantas aos 30, 60, 90 DAS e na colheita da cultura da mostarda foi de 8,97, 167,15, 169,36 e 173,97 cm, respetivamente.

Efeito da solarização do solo

A análise dos dados apresentados na Tabela 8 mostra que a altura da planta da mostarda foi significativamente influenciada pelos tratamentos de solarização do solo ao longo das fases de crescimento da cultura. Entre os diferentes tratamentos de solarização do solo, a solarização do solo com polietileno transparente (S_2) registou uma altura de planta significativamente mais elevada aos 30 DAS, 60 DAS, 90 DAS e na colheita do que o controlo (sem solarização) (S_3) e foi igual ao tratamento (S_1) de solarização do solo com polietileno preto.

Quadro 8: Altura da planta (cm) de mostarda influenciada periodicamente por diferentes tratamentos.

Tratamentos		Altura da planta (cm)			
		30 DAS	**60 DAS**	**90 DAS**	**Na colheita**
(A)	**Tratamentos da parcela principal - Solarização (30 dias)**				
S_1	Solarização do solo com polietileno preto	9.28	167.33	169.96	173.88
S_2	Solarização do solo com polietileno transparente	9.36	168.46	170.46	175.31
S_3	Controlo (sem solarização)	8.26	165.67	167.67	172.71
	S.Em±	0.13	0.04	0.18	0.22
	C. D.a 5%	0.50	0.15	0.73	0.85
(B)	**Tratamentos das subparcelas - Medidas de gestão das infestantes**				
W_1	Aplicação pré-emergente de oxadiargil 80% WP @ 100 g ha^{-1}	9.24	167.02	169.69	174.58
W_2	Aplicação pós-emergência de quizalofope etílico 10 % CE a 45 g ha^{-1}	8.88	166.92	169.04	172.57
W_3	Controlo sem ervas daninhas (20 DAS e 40 DAS)	9.71	170.74	172.78	177.78
W_4	Controlo de infestantes	8.04	163.93	165.93	170.93
	S.Em±	0.14	0.04	0.20	0.31
	C. D.a 5%	0.49	0.13	0.70	1.07
(C)	**Efeito de interação**				
	S.Em±	0.36	0.10	0.52	0.66
	C. D.a 5%	1.10	0.31	1.60	2.03
	Média geral	8.97	167.15	169.36	173.97

Efeito das medidas de gestão das infestantes

A altura média das plantas de mostarda foi significativamente influenciada por diferentes medidas de gestão das infestantes em diferentes fases de crescimento da cultura.

Aos 30 DAS, 60 DAS, 90 DAS e na colheita registou-se uma altura de planta significativamente maior com (W_3) controlo sem ervas daninhas (20 DAS e 40 DAS) em relação ao resto dos tratamentos. O tratamento (W_1) aplicação pré-emergente de oxadiargil 80% WP @ 100 g ha^{-1} e (W_2) aplicação pós-emergente de quizalofop-ethyl 10 % EC @ 45 g ha^{-1} que foram iguais entre si e significativamente superiores ao controlo de ervas daninhas (W_4).

Efeito de interação

Todos os efeitos da interação entre o tratamento de solarização do solo e as medidas de gestão das infestantes foram significativos em todas as fases de crescimento.

Os dados apresentados no quadro 9 revelam que, aos 30 DAS, a combinação de tratamentos de solarização do solo com polietileno transparente com controlo sem ervas daninhas (20 DAS e 40 DAS) (S W_{23}) registou uma altura de planta significativamente mais elevada, seguida das combinações de tratamentos S W_{11} , S W_{12} , S W_{13} , S W_{21} , S W_{22} e S W_{33} que foram encontrados a par com S W_{23} e significativamente superiores ao controlo combinado com controlo de ervas daninhas (S W_{34}).

Os dados apresentados no quadro 9 revelam que, aos 60 DAS, a combinação de tratamentos de solarização do solo com polietileno transparente e controlo sem ervas daninhas (20 DAS e 40 DAS) (S W_{23}) foi significativamente superior aos outros tratamentos.

Os dados apresentados no quadro 9 revelam que, aos 90 DAS, a combinação de tratamentos de solarização do solo com polietileno transparente e controlo sem ervas daninhas (20 DAS e 40 DAS) (S W_{23}) foi significativamente superior aos outros tratamentos.

Quadro 9: Efeito da interação entre a solarização do solo e as medidas de gestão das infestantes na altura das plantas (cm) da mostarda, influenciada pelos diferentes tratamentos.

Tratamentos	W_1	W_2	W_3	W_4
		30 DAS		
S_1	9.67	9.00	9.87	8.60
S_2	9.40	9.30	10.07	8.65
S_3	8.67	8.33	9.18	6.87
		60 DAS		
S_1	167.63	168.97	169.73	163.00
S_2	167.22	167.70	174.33	164.60
S_3	166.20	164.10	168.17	164.20
		90 DAS		
S_1	171.67	171.33	171.83	165.00
S_2	169.22	169.70	176.33	166.60
S_3	168.20	166.10	170.17	166.20
		Na colheita		
S_1	176.33	172.33	176.83	170.00
S_2	174.22	174.10	181.33	171.60
S_3	173.20	171.27	175.17	171.20
	30 DAS	**60 DAS**	**90 DAS**	**Na colheita**
S.Em±	0.36	0.10	0.52	0.66
C. D.a 5%	1.10	0.31	1.60	2.03

Os dados apresentados no quadro 9 revelam que, na colheita, a combinação de tratamentos de solarização do solo com polietileno transparente e controlo sem ervas daninhas (20 DAS e 40 DAS) (S W_{23}) foi significativamente superior aos outros tratamentos.

4.2.2 Número de ramos da planta $^{-1}$

Os dados relativos ao número médio de ramos da planta^{-1} afectados periodicamente pelos vários tratamentos são apresentados no Quadro 10.

Os dados mostram claramente que o número de ramos da planta^{-1} aumenta com o aumento da duração da cultura até à colheita. O número médio de ramos da planta^{-1} aos 60 DAS, 90 DAS e na colheita foi de 4,18, 5,16 e 5,20, respetivamente.

Efeito da solarização do solo

Os dados apresentados na Tabela 10 mostram que o número de ramos por planta^{-1} da mostarda foi significativamente influenciado pelos tratamentos de solarização do solo ao longo das fases de crescimento da cultura. Entre os diferentes tratamentos de solarização do solo, a solarização do solo com polietileno transparente (S_2) registou um número significativamente mais elevado de ramos de plantas^{-1} aos 30 DAS, 60 DAS, 90 DAS e na colheita, e foi encontrado a par do tratamento (S_1) de solarização do solo com polietileno preto. Foi observado um número significativamente menor de ramos na planta^{-1} no tratamento de controlo (S_3) (sem solarização).

Efeito das medidas de gestão das infestantes

O número médio de ramos da planta^{-1} da mostarda foi significativamente influenciado por diferentes medidas de gestão de infestantes em diferentes fases de crescimento da mostarda.

Foi registado um número significativamente mais elevado de ramos de plantas^{-1} em (W_3) controlo sem ervas daninhas (20 DAS e 40 DAS) em relação ao resto dos tratamentos aos 30 DAS, 60 DAS, 90 DAS e na colheita. A aplicação pré-emergente de oxadiargil 80% WP @ 100 g ha^{-1} (W_1) foi encontrada a par com a verificação livre de ervas daninhas (20 DAS e 40 DAS) (W_3) aos 30 DAS. O tratamento (W_1) aplicação pré-emergência de oxadiargyl 80% WP @ 100 g ha^{-1} e (W_2) aplicação pós-emergência de quizalofop-ethyl 10 % EC @ 45 g ha^{-1} foram iguais entre si aos 90 DAS e significativamente superiores ao controlo de infestantes (W_4).

Tabela 10: Número de ramos da planta^{-1} da mostarda influenciada periodicamente por diferentes tratamentos.

Tratamentos		Número de ramos da planta^{-1}		
		60 DAS	90 DAS	Na colheita
(A)	**Tratamentos da parcela principal - Solarização (30 dias)**			
S_1	Solarização do solo com polietileno preto	4.21	5.18	5.21
S_2	Solarização do solo com polietileno transparente	4.25	5.19	5.24
S_3	Controlo (sem solarização)	4.08	5.09	5.14
	S.Em±	0.02	0.02	0.02
	C. D.a 5%	0.06	0.08	0.08
(B)	**Tratamentos das subparcelas - Medidas de gestão das infestantes**			
W_1	Aplicação pré-emergência de oxadiargil 80% WP @ 100 g ha^{-1}	4.20	5.17	5.22

W_2	Aplicação pós-emergência de quizalofope etílico 10 % CE a 45 g ha^{-1}	4.15	5.11	5.14
W_3	Controlo sem ervas daninhas (20 DAS e 40 DAS)	4.36	5.36	5.39
W_4	Controlo de infestantes	4.01	4.99	5.03
	S.Em±	0.03	0.02	0.02
	C. D.a 5%	0.11	0.06	0.06
(C)	**Efeito de interação**			
	S.Em±	0.08	0.07	0.07
	C. D.a 5%	0.24	0.23	0.23
	Média geral	4.18	5.16	5.20

Efeito de interação

Todos os efeitos da interação entre os tratamentos de solarização do solo e as medidas de gestão das ervas daninhas no que diz respeito ao número de ramos da planta^{-1} foram significativamente influenciados em todas as fases de crescimento.

Tabela 11: Efeito da interação entre a solarização do solo e as medidas de gestão de infestantes no número de ramos da planta^{-1} da mostarda, influenciado por diferentes tratamentos.

Tratamentos	W_1	W_2	W_3	W_4
60 DAS				
S_1	4.23	4.18	4.43	4.00
S_2	4.03	4.37	4.33	4.27
S_3	4.33	3.90	4.30	3.77
90 DAS				
S_1	5.23	5.07	5.43	5.00
S_2	4.93	5.37	5.33	5.13
S_3	5.33	4.90	5.30	4.83

Na colheita				
S_1	5.25	5.10	5.45	5.05
S_2	5.02	5.38	5.38	5.18
S_3	5.38	4.95	5.35	4.87
	60 DAS	**90 DAS**	**Na colheita**	
S.Em±	0.08	0.07	0.07	
C. D.a 5%	0.24	0.23	0.23	

A leitura dos dados apresentados no Quadro 11 mostra que, aos 60 DAS, o tratamento (S W_{13}) de solarização do solo com polietileno preto combinado com o tratamento de controlo sem ervas daninhas (20 DAS e 40 DAS) registou um número significativamente mais elevado de ramos da planta^{-1} seguido das combinações de tratamento S W_{11} , S W_{22} , S W_{23} , S W_{24} , S W_{31} e S W_{33} que estavam a par com S W_{13} e significativamente superiores ao resto das combinações de tratamento.

Aos 90 DAS, o tratamento (S W_{13}) de solarização do solo com polietileno preto combinado com o tratamento de controlo sem ervas daninhas (20 DAS e 40 DAS) registou um número significativamente mais elevado de ramos de plantas^{-1} seguido pelas combinações de tratamento S W_{11} , S W_{22} , S W_{23} , e S W_{31} que estavam a par com S W_{13} e significativamente superior ao resto das combinações de tratamento

Na colheita, o tratamento (S W_{23}) de solarização do solo com polietileno transparente combinado com o tratamento de controlo sem ervas daninhas (20 DAS e 40 DAS) registou um número significativamente mais elevado de ramos de plantas^{-1} seguido pelas combinações de tratamento S W_{11} , S W_{13} , S W , S_{2231} We S W_{33} que estavam a par com S W_{23} e significativamente superior ao resto das combinações de tratamento.

4.2.3 Planta de acumulação de matéria seca^{-1} (g)

Os dados relativos à planta de acumulação de matéria seca^{-1} (g) da mostarda são apresentados no Quadro 12. Em geral, a acumulação de matéria seca na planta^{-1} (g) aumenta com o aumento da duração da cultura. Depois disso, houve uma diminuição gradual da acumulação de matéria seca da planta^{-1} (g) devido à queda das folhas. A acumulação média de matéria seca da planta^{-1} (g) aos 30 DAS, 60 DAS, 90 DAS e na colheita foi de 3,12, 17,10, 18,68 e 18,64 (g), respetivamente.

Efeito da solarização do solo

Os dados apresentados no Quadro 12 revelam que a acumulação de matéria seca^{-1} (g) da mostarda foi significativamente influenciada pelos tratamentos de solarização do solo ao longo das fases de crescimento da cultura. Entre os diferentes tratamentos de solarização do solo, a solarização do solo com polietileno transparente (S_2) registou uma acumulação de matéria seca significativamente mais elevada na planta^{-1} (g) aos 30 DAS, 60 DAS, 90 DAS e na colheita, e foi encontrada a par com o tratamento (S_1) de solarização do solo com polietileno preto. Foi observada uma acumulação significativamente menor de matéria seca na planta^{-1} (g) no tratamento de controlo (sem solarização) (S_3).

Tabela 12: Planta de acumulação de matéria seca^{-1} (g) de mostarda como influenciada periodicamente por diferentes tratamentos.

Tratamentos		Planta de acumulação de matéria seca^{-1} (g)			
		30 DAS	**60 DAS**	**90 DAS**	**Na colheita**
(A)	**Tratamentos da parcela principal - Solarização (30 dias)**				
S_1	Solarização do solo com polietileno preto	3.34	17.28	19.14	19.10

S_2	Solarização do solo com polietileno transparente	3.46	17.38	19.16	19.11
S_3	Controlo (sem solarização)	2.56	16.62	17.75	17.70
	S.Em±	0.04	0.07	0.05	0.05
	C. D.a 5%	0.14	0.26	0.22	0.21
(B)	**Tratamentos das subparcelas - Medidas de gestão das infestantes**				
W_1	Aplicação pré-emergência de oxadiargil 80% WP @ 100 g ha^{-1}	3.23	17.33	18.94	19.01
W_2	Aplicação pós-emergência de quizalofope etílico 10 % CE a 45 g ha^{-1}	3.14	17.10	18.75	18.59
W_3	Controlo sem ervas daninhas (20 DAS e 40 DAS)	3.73	17.73	19.38	19.33
W_4	Controlo de infestantes	2.37	16.22	17.67	17.61
	S.Em±	0.17	0.10	0.16	0.13
	C. D.a 5%	0.58	0.34	0.54	0.44
(C)	**Efeito de interação**				
	S.Em±	0.35	0.28	0.27	0.26
	C. D.a 5%	1.07	0.86	0.84	0.81
	Média geral	3.12	17.10	18.68	18.64

Efeito das medidas de gestão das infestantes

Os dados apresentados no Quadro 12 revelam que a acumulação de matéria seca (g) da planta^{-1} foi significativamente influenciada pelas diferentes medidas de gestão das infestantes em todas as fases de crescimento da mostarda, desde os 30 DAS até à colheita.

Aos 30 DAS, 60 DAS, 90 DAS e na colheita registou-se uma acumulação significativamente maior de matéria seca da planta^{-1} (g) com (W_3) controlo sem ervas daninhas (20 DAS e 40 DAS) sobre o resto dos tratamentos. O tratamento (W_1) aplicação pré-emergência de oxadiargil 80% WP @ 100 g ha^{-1} e (W_2) aplicação pós-emergência de quizalofop-ethyl 10 % EC @ 45 g ha^{-1} que foram encontrados em pé de igualdade e significativamente superiores ao tratamento de controlo de ervas daninhas (W_4) em todas as fases de crescimento da mostarda.

Efeito de interação

Todos os efeitos de interação entre os tratamentos de solarização do solo e as medidas de gestão das ervas daninhas no que diz respeito à acumulação de matéria seca da $planta^{-1}$ (g) foram significativamente influenciados em todas as fases de crescimento da mostarda.

A leitura dos dados apresentados no Quadro 13 mostra que, aos 30 DAS e 60 DAS, o tratamento (S W_{23}) de solarização do solo com polietileno transparente combinado com o tratamento de controlo sem ervas daninhas (20 e 40 DAS) registou uma acumulação de matéria seca significativamente mais elevada na $planta^{-1}$ (g), seguida das combinações de tratamento S W_{11} , S W_{12} , S W_{13} , S W_{21} , S W_{22} e S W_{33} que foram iguais a S W_{23} e significativamente superiores ao resto das combinações de tratamento.

Aos 90 DAS e na colheita, o tratamento (S W_{23}) de solarização do solo com polietileno transparente combinado com o tratamento de controlo sem ervas daninhas (20 e 40 DAS) registou uma acumulação de matéria seca significativamente mais elevada na $planta^{-1}$ (g), seguido pelas combinações de tratamento S W_{11} , S W_{13} , S W_{21} e S W_{22} que estavam ao mesmo nível que S W_{23} e significativamente superior ao resto das combinações de tratamento.

Tabela 13: Efeito da interação entre a solarização do solo e

as medidas de gestão de infestantes na acumulação de matéria seca da planta^{-1} (g) da mostarda, influenciada por diferentes tratamentos.

Tratamentos	W_1	W_2	W_3	W_4
30 DAS				
S_1	3.67	3.33	3.90	2.47
S_2	3.37	3.73	4.07	2.67
S_3	2.67	2.37	3.23	1.97
60 DAS				
S_1	17.67	17.23	17.90	16.33
S_2	17.40	17.70	18.07	16.37
S_3	16.93	16.37	17.23	15.95
90 DAS				
S_1	19.43	19.14	19.83	18.17
S_2	19.47	19.73	20.07	17.37
S_3	17.93	17.37	18.23	17.47
Na colheita				
S_1	19.38	19.09	19.80	18.12
S_2	19.77	19.35	20.02	17.32
S_3	17.88	17.32	18.18	17.40
	30 DAS	**60 DAS**	**90 DAS**	**Na colheita**
S.Em±	0.35	0.28	0.27	0.26
C. D.a 5%	1.07	0.86	0.84	0.81

4.3 Caracteres de atribuição de rendimentos

Os dados relativos ao carácter de rendimento da mostarda, *nomeadamente*, o número de sementes de silíqua^{-1} , o comprimento das silíquas (cm), o número de silíquas da planta^{-1} , o peso das silíquas da planta^{-1} (g), o peso das sementes da planta^{-1} (g) e o peso de 1000 sementes (g), influenciados por vários tratamentos, são apresentados no Quadro 14.

4.3.1 Número de sementes siliqua^{-1}

Os dados apresentados no Quadro 14 referem-se ao número de sementes siliqua^{-1} afetado pelos diferentes tratamentos. O número médio de sementes siliquae^{-1} foi de 12,16.

Efeito da solarização do solo

Os dados apresentados no quadro 14 revelam que a solarização do solo com polietileno transparente (S_2) registou um número significativamente maior de sementes de Siliqua^{-1} e foi igual à solarização do solo com polietileno preto (S_1). O menor número de sementes de siliqua^{-1} foi registado no tratamento de controlo (sem solarização) (S_3).

Efeito das medidas de gestão das infestantes

A análise dos dados apresentados no Quadro 14 revelou que o número médio de sementes de siliqua^{-1} foi significativamente influenciado pelas medidas de gestão das infestantes. Observou-se um número significativamente mais elevado de sementes de siliqua^{-1} no tratamento (W_3) sem ervas daninhas (20 e 40 DAS) do que no tratamento (W_4) com ervas daninhas. Enquanto o tratamento (W_1) aplicação pré-emergência de oxadiargyl 80% WP @ 100 g ha^{-1} e (W_2) aplicação pós-emergência de quizalofop-ethyl 10 % EC @ 45 g ha^{-1} foram encontrados a par com o controlo sem ervas daninhas (20 e 40 DAS) (W_3) e significativamente superior ao tratamento de controlo com ervas daninhas (W_4).

Efeito de interação

Não foram encontradas interacções significativas entre os tratamentos de solarização do solo e as medidas de gestão das infestantes no que diz respeito ao número de sementes de siliqua-

1 .

4.3.2 Comprimento das síliquas (cm)

Os dados apresentados na Tabela 14 revelaram que o comprimento das síliquas (cm) foi notavelmente afetado pelo tratamento de solarização do solo e pelas medidas de gestão das ervas daninhas durante o período de investigação. O comprimento médio das síliquas (cm) foi de 4,16.

Quadro 14: Caracteres de rendimento da mostarda na colheita influenciados por diferentes tratamentos.

Tratamentos		N.º de sementes siliquae^{-1}	comprimento de siliquae (cm)	Não. de siliquae fábrica^{-1}	peso de siliquae fábrica^{-1}	peso de sementes fábrica^{-1}	1000 sementes peso
(A)	**Tratamento da parcela principal - Solarização (30 dias)**						
S_1	Solarização do solo com polietileno preto	12.48	4.31	157.93	9.09	9.86	2.79
S_2	Solarização do solo com polietileno transparente	12.85	4.36	161.35	9.34	10.36	2.81
S_3	Controlo (sem solarização)	11.14	3.97	140.12	7.08	7.62	2.76
	S.Em±	0.24	0.08	4.16	0.22	0.46	0.07
	C. D.a 5%	0.96	0.31	16.35	0.87	1.82	NS
(B)	**Tratamentos das subparcelas - Medidas de gestão das infestantes**						
W_1	Pré-emergência aplicação de oxadiargil 80% WP @ 100 g ha^{-1}	12.68	4.20	154.00	8.60	9.30	2.88
W_2	Pós-emergência aplicação de	12.21	4.16	153.20	8.26	9.26	2.73

	quizalofope etílico 10% CE @ 45 g ha^{-1}						
W 3	Controlo sem ervas daninhas (20 e 40 DAS)	13.13	4.62	166.42	9.52	10.54	2.89
W 4	Controlo de infestantes	10.61	3.64	138.91	7.64	8.03	2.65
	S.Em±	0.46	0.14	3.91	0.11	0.45	0.08
	C. D.a 5%	1.58	0.48	13.52	0.39	1.56	NS
(C)	**Efeito de interação**						
	S.Em±	1.00	0.36	13.42	0.85	1.48	0.23
	C. D.a 5%	NS	NS	41.34	2.63	NS	NS
	Média geral	12.16	4.16	153.13	8.50	9.28	2.79

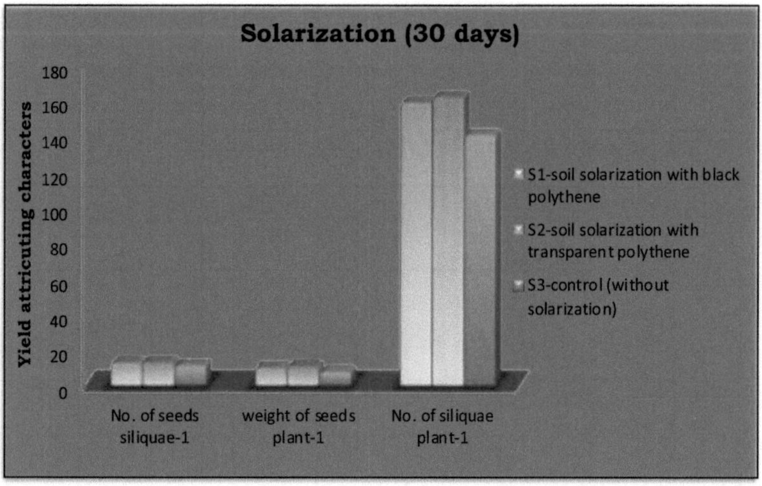

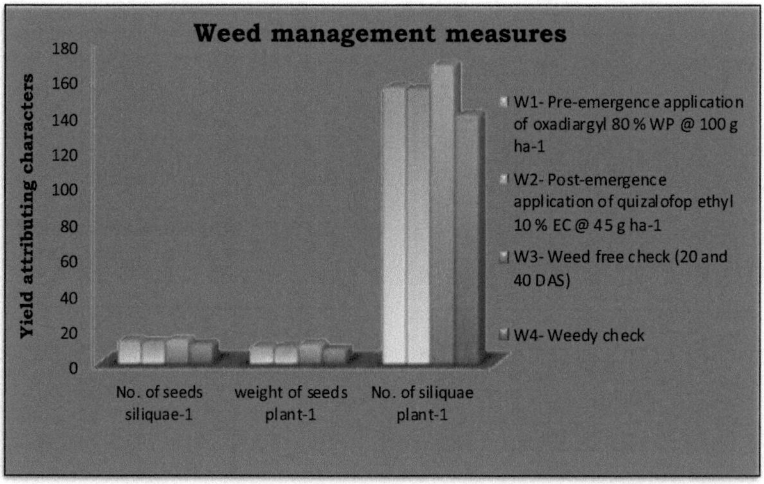

Fig. 6: Caracteres de rendimento da mostarda na colheita influenciados por diferentes tratamentos

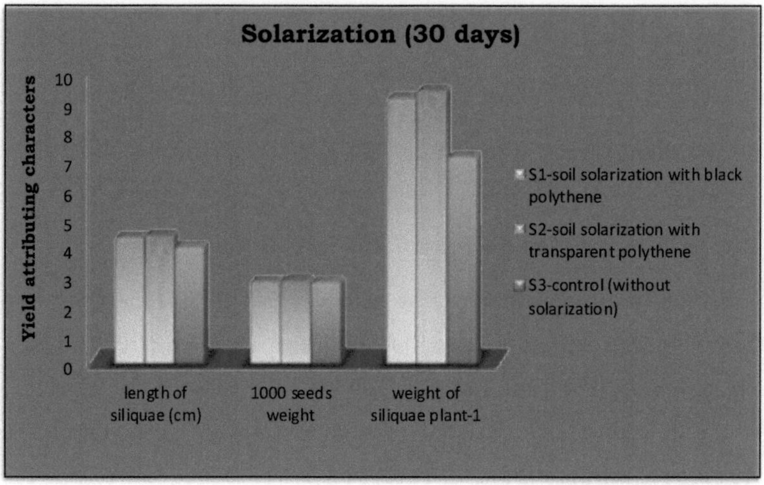

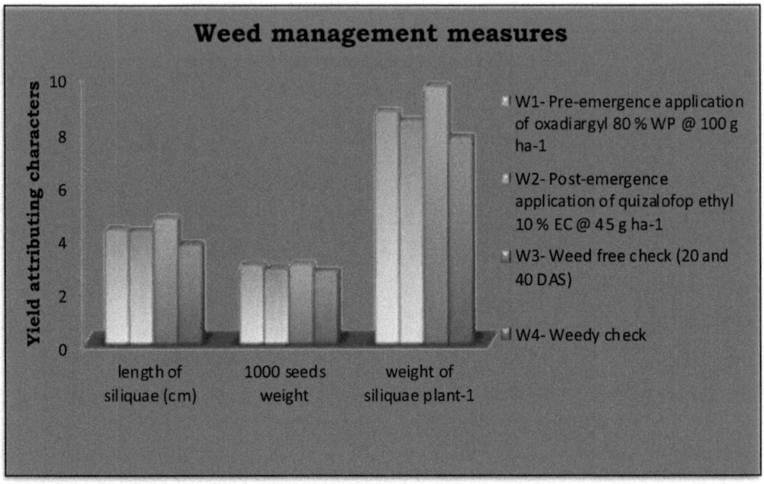

Fig. 7: Caracteres de rendimento da mostarda na colheita influenciados por diferentes tratamentos

Efeito da solarização do solo

O comprimento das síliquas (cm) foi significativamente maior no tratamento de solarização do solo com polietileno transparente (S_2) do que no tratamento de controlo (sem solarização) (S_3) e a par da solarização do solo com polietileno preto (S_1), como se mostra no quadro 14.

Efeito das medidas de gestão das infestantes

Os dados apresentados na Tabela 14 indicam que o comprimento das síliquas (cm) foi significativamente influenciado pelas diferentes medidas de manejo de ervas daninhas. O comprimento das síliquas foi observado mais no tratamento livre de ervas daninhas (20 e 40 DAS) (W_3).

O tratamento (W_1) aplicação pré-emergência de oxadiargil 80% WP @ 100 g ha^{-1} e (W_2) aplicação pós-emergência de quizalofop-ethyl 10 % EC @ 45 g ha^{-1} foram considerados iguais ao controlo sem ervas daninhas (20 e 40 DAS) (W_3) e superiores ao controlo com ervas daninhas (W).4

Efeito de interação

O efeito da interação entre o tratamento solarização do solo e as medidas de gestão das infestantes não foi significativo no caso do comprimento das síliquas (cm).

4.3.3 Número de plantas de síliquas^{-1}

Os dados relativos ao número médio de plantas de síliquas^{-1} influenciados pelos diferentes tratamentos são apresentados no Quadro 14. O número médio de plantas de síliquas^{-1} foi de 153,13.

Efeito da solarização do solo

Os dados apresentados na Tabela 14 revelam que o número de plantas de síliquas^{-1} foi significativamente maior no tratamento de solarização do solo com polietileno transparente (S_2) e igual ao tratamento de solarização do solo com polietileno preto (S_1). O menor número de plantas de síliquas^{-1} foi registado no controlo (sem solarização) (S_3), como se mostra no quadro 14.

Efeito das medidas de gestão das infestantes

Os dados apresentados na Tabela 14 indicam que o número de plantas de síliquas^{-1} foi significativamente influenciado pelas diferentes medidas de manejo de ervas daninhas. O número de plantas de síliquas^{-1} foi maior no tratamento de controlo sem ervas daninhas (20 e 40 DAS) (W_3). O tratamento (W_1) aplicação pré-emergência de oxadiargyl 80% WP @ 100 g ha^{-1} e (W_2) aplicação pós-emergência de quizalofop-ethyl 10 % EC @ 45 g ha^{-1} foram encontrados a par com W_3 e superiores ao controlo de infestantes (W_4).

Efeito de interação

Verificou-se que o efeito de interação entre a solarização do solo e as medidas de gestão de ervas daninhas foi significativamente influenciado no que diz respeito ao número de plantas de síliquas^{-1} durante o período da experiência. Numericamente, foi registado um maior número de plantas de síliquas^{-1} no tratamento de solarização do solo com polietileno transparente combinado com controlo sem ervas daninhas (20 e 40 DAS) (S W_{23}), como se mostra na Tabela 15.

4.3.4 Peso da planta de síliquas^{-1} (g)

Os dados apresentados no quadro 14, relativos ao peso da planta da síliqua^{-1} (g), foram notavelmente afectados pelos diferentes tratamentos de solarização do solo e pelas medidas de gestão das infestantes.

Quadro 15: Efeito de interação da solarização do solo e das medidas de gestão das ervas daninhas nos caracteres que atribuem rendimento da mostarda, sob a influência de diferentes tratamentos.

Tratamentos	W_1	W_2	W_3	W_4
Número de plantas de síliquas^{-1}				
S_1	164.67	163.40	170.67	133.00
S_2	169.33	159.27	171.20	145.60
S_3	122.00	135.67	164.67	138.13
Peso da planta de síliquas^{-1}				
S_1	9.67	9.00	9.90	7.81
S_2	9.40	9.23	9.77	8.94
S_3	6.73	6.55	8.88	6.17

Número de plantas de síliquas^{-1}		Peso da planta de síliquas^{-1}
S.Em±	13.42	0.85
C. D.a 5%	41.34	2.63

Efeito da solarização do solo

Os dados apresentados na Tabela 14 indicam que os tratamentos de solarização do solo influenciaram significativamente o peso da planta de síliqua^{-1} (g). O tratamento (S_2) de solarização do solo com polietileno transparente produziu um peso significativamente maior da planta de silíquas^{-1} (g) e foi encontrado a par da solarização do solo com polietileno preto (S_1) e superior ao controlo (sem solarização) (S_3).

Efeito das medidas de gestão das infestantes

As diferentes medidas de gestão de ervas daninhas mostraram um efeito significativo no que diz respeito ao peso médio da planta de siliquae^{-1} (g) durante o período experimental. O peso significativamente mais alto da planta de siliquae^{-1} foi registado na verificação sem ervas daninhas (20 e 40 DAS) (W_3) sobre o resto das práticas de gestão de ervas daninhas, exceto o tratamento (W_1) aplicação pré-emergência de oxadiargyl 80% WP @ 100 g ha^{-1} e (W_2) aplicação pós-emergência de quizalofop-ethyl 10 % EC @ 45 g ha^{-1} foram encontrados a par com a verificação sem ervas daninhas (20 e 40 DAS) (W_3) durante o ano de estudo.

Efeito de interação

Os dados apresentados na Tabela 15 revelaram que o efeito da interação entre a solarização do solo e as medidas de gestão de ervas daninhas foi significativamente influenciado no que diz respeito ao peso da planta de silíquas^{-1} durante o período da experiência. Numericamente, foi registado um maior número de plantas de síliquas^{-1} no tratamento de solarização do solo com polietileno transparente combinado com controlo sem ervas daninhas (20 e 40 DAS) (S W_{23}).

4.3.5 Peso da planta de sementes^{-1} (g)

Os dados apresentados na Tabela 14 revelaram que o peso das sementes da planta^{-1} (g) foi significativamente influenciado por diferentes tratamentos de solarização do solo, bem como por medidas de manejo de ervas daninhas. O peso médio da planta de sementes^{-1} foi de 9,28 (g).

Efeito da solarização do solo

Os dados apresentados no quadro 14 indicam que os tratamentos de solarização do solo influenciaram significativamente o peso das sementes da planta^{-1} (g). O tratamento (S_2) de solarização do solo com polietileno transparente produziu significativamente mais peso de sementes de plantas^{-1} e foi encontrado a par com a solarização do solo com polietileno preto (S_1). O menor peso numérico de sementes de plantas^{-1} (g) foi registado no controlo (sem solarização) (S_3).

Efeito das medidas de gestão das infestantes

A análise dos dados apresentados na Tabela 14 revelou que o tratamento sem ervas daninhas (20 e 40 DAS) (W_3) foi superior aos outros tratamentos. A aplicação pré-emergente de oxadiargyl 80% WP @ 100 g ha^{-1} (W_1) e a aplicação pós-emergente de quizalofop-ethyl 10 % EC @ 45 g ha^{-1} (W_2) foram encontradas a par com o controlo sem ervas daninhas (20 e 40 DAS) (W_3) e superior ao tratamento controlo com ervas daninhas (W_4).

Efeito de interação

O efeito de interação em relação ao peso das sementes da planta^{-1} (g) não foi significativo no tratamento solarização do solo e medidas de manejo de ervas daninhas.

4.3.6 Peso de 1000 sementes

Os dados relativos ao peso médio de 1000 sementes influenciado pelos diferentes tratamentos são apresentados no Quadro 14. O peso médio das 1000 sementes foi de 2,79 (g).

Efeito da solarização do solo

A análise dos dados apresentados no Quadro 14 mostra que os diferentes tratamentos de solarização do solo não tiveram qualquer efeito significativo no peso médio das 1000 sementes (g). O peso numérico mais elevado de 1000 sementes (g) foi observado no tratamento de solarização do solo com polietileno transparente (S_2).

Efeito das medidas de gestão das infestantes

As medidas de gestão de ervas daninhas não indicaram nenhum efeito significativo no peso de 1000 sementes durante o ano de estudo. No entanto, o número máximo de peso de 1000 sementes (g) foi registado no tratamento de controlo sem ervas daninhas (20 e 40 DAS) (W_3) seguido pela aplicação pré-emergência de oxadiargil 80% WP @ 100 g ha^{-1} (W_1), aplicação pós-emergência de quizalofop-ethyl 10 % EC @ 45 g ha^{-1} (W_2) e controlo de ervas daninhas (W_4) em ordem decrescente após a colheita.

Efeito de interação

O efeito de interação devido à solarização do solo e às medidas de gestão das ervas daninhas foi considerado não significativo no que diz respeito ao peso médio de 1000 sementes

(g) durante o período de investigação.

4.4 Estudos de rendimento

Os dados relativos aos estudos de rendimento, *nomeadamente o* rendimento em grão, o rendimento em palha (q ha^{-1}), o índice de colheita e o índice de infestantes são apresentados no quadro 16.

4.4.1 Rendimento das sementes (q ha)$^{-1}$

Os dados relativos ao rendimento de grãos (q ha^{-1}) influenciado pelos diferentes tratamentos são apresentados no Quadro 16. O rendimento médio de sementes foi de 9,84 q ha^{-1} .

Efeito da solarização do solo

Os dados apresentados na Tabela 16 mostram que a produção de sementes (q ha^{-1}) de mostarda foi influenciada significativamente pelos diferentes tratamentos de solarização do solo.

A solarização do solo com polietileno transparente (S_2) apresentou um rendimento de grãos significativamente mais elevado, seguido do tratamento de solarização do solo com polietileno preto (S_1) e do controlo (sem solarização) (S_3), por ordem decrescente.

Efeito das medidas de gestão das infestantes

Um vislumbre dos dados apresentados no Quadro 16 revelou que as diferentes medidas de gestão de infestantes influenciaram significativamente a produção média de sementes (q ha^{-1}) de mostarda.

Quadro 16: Rendimento de sementes, rendimento de palha, índice de colheita e índice de infestantes da mostarda na colheita, influenciados por diferentes

tratamentos.

	Tratamentos	Rendimento das sementes (q ha)-1	Palha rendimento (q ha)-1	HI (%)	IM (%)
(A)	**Tratamento da parcela principal - Solarização (30 dias)**				
S_1	Solarização do solo com polietileno preto	10.28	24.64	29.40	
S_2	Solarização do solo com polietileno transparente	11.14	26.47	29.58	
S_3	Controlo (sem solarização)	8.09	22.89	26.14	
	S.Em±	0.12	0.47	0.23	
	C. D.a 5%	0.46	1.84	0.91	
(B)	**Tratamentos das subparcelas - Medidas de gestão das infestantes**				
W_1	Aplicação pré-emergência de oxadiargil 80% WP @ 100 g ha^{-1}	10.15	24.68	29.13	6.33
W_2	Aplicação pós-emergência de quizalofope etílico 10 % CE a 45 g ha^{-1}	9.72	24.46	28.37	10.28
W_3	Controlo sem ervas daninhas (20 e 40 DAS)	10.83	25.82	29.40	-
W_4	Controlo de infestantes	8.64	23.69	26.59	20.22
	S.Em±	0.15	0.32	0.59	
	C. D.a 5%	0.53	1.12	NS	
(C)	**Efeito de interação**				
	S.Em±	0.37	1.18	1.43	
	C. D.a 5%	1.15	3.64	4.42	
	Média geral	9.84	24.66	28.37	

Entre os diferentes tratamentos de medidas de gestão de ervas daninhas, o controlo sem ervas daninhas (20 e 40 DAS) (W_3) registou um rendimento de sementes significativamente mais elevado (q ha^{-1}) do que os restantes tratamentos. No entanto, a aplicação pré-emergente de oxadiargyl 80% WP @ 100 g ha^{-1} (W_1

) foi igual à aplicação pós-emergente de quizalofop-ethyl 10 % EC @ 45 g ha^{-1} (W_2) e o rendimento de sementes significativamente mais baixo (q ha^{-1}) foi encontrado do que o controlo de ervas daninhas (W_4).

Efeito de interação

O efeito de interação entre os tratamentos de solarização do solo e as medidas de gestão das infestantes foi significativo para a produção de sementes (q ha^{-1}).

Os dados apresentados no Quadro 17 mostram que o tratamento (S W_{23}) solarização do solo com polietileno transparente combinado com controlo sem ervas daninhas (20 e 40 DAS) registou um rendimento de grãos significativamente mais elevado (12.16 q ha^{-1}) seguido pelo tratamento (S W_{13}) solarização do solo com polietileno preto combinado com controlo sem ervas daninhas (20 e 40 DAS), (S W_{21}) solarização do solo com polietileno transparente combinado com aplicação pré-emergente de oxadiargil 80% WP @ 100 g ha^{-1} sobre outros tratamentos. No entanto, o rendimento de grãos significativamente mais baixo foi encontrado no controlo (sem solarização) combinado com o controlo de ervas daninhas (S W_{34}).

4.4.2 Rendimento em palha (q ha)$^{-1}$

Os dados relativos à produção de palha (q ha^{-1}) influenciada pelos diferentes tratamentos são apresentados no Quadro 16. O rendimento médio da palha foi de 24,66 q ha^{-1} .

Efeito da solarização do solo

Os dados apresentados no Quadro 16 mostram que os diferentes tratamentos de solarização do solo influenciaram significativamente o rendimento em palha (q ha^{-1}) da mostarda, durante o período de experimentação. Estes tratamentos podem ser organizados nas seguintes ordens de significância em relação à produção de palha (q ha^{-1}): solarização do solo com polietileno transparente (S_2) > solarização do solo com polietileno preto (S_1) > controlo (sem solarização) (S_3). No entanto, a solarização do solo com polietileno transparente (S_2) registou uma produção de palha significativamente mais elevada e foi considerada a par dos tratamentos de solarização do solo com polietileno preto (S_1) e significativamente superior ao controlo (sem solarização) (S_3).

Efeito das medidas de gestão das infestantes

A análise dos dados apresentados no quadro 16 revelou que as diferentes medidas de gestão das infestantes influenciaram significativamente o rendimento médio em palha (q ha^{-1}) da mostarda.

Entre os tratamentos, o controlo sem ervas daninhas (20 e 40 DAS) (W_3) registou um rendimento de palha significativamente mais elevado (q ha^{-1}), enquanto a aplicação pré-emergência de oxadiargil 80% WP @ 100 g ha^{-1} (W_1) e a aplicação pós-emergência de quizalofop-ethyl 10 % EC @ 45 g ha^{-1} (W_2) foram consideradas iguais entre si e significativamente superiores a outros tratamentos. O rendimento de palha significativamente mais baixo (q ha^{-1}) foi registado no controlo de ervas daninhas (W_4).

Efeito de interação

O efeito de interação entre os tratamentos de solarização do solo e as medidas de gestão das infestantes revelou-se significativo para o rendimento em palha (q ha^{-1}) da mostarda.

Um vislumbre dos dados apresentados no Quadro 17 revelou que o tratamento (S W_{23}) solarização do solo com polietileno transparente combinado com controlo sem ervas daninhas (20 e 40 DAS) registou um rendimento de palha significativamente mais elevado (27,43 q ha^{-1}) de mostarda, seguido de combinações de tratamento i.e. (S W_{11}) solarização do solo com polietileno preto combinada com aplicação pré-emergente de oxadiargil 80% WP @ 100 g ha^{-1} , (S W_{12}) solarização com polietileno preto combinada com aplicação pós-emergente de quizalofop-ethyl 10 % EC @ 45 g ha^{-1} , (S W_{13}) solarização do solo com polietileno preto combinada com controlo sem ervas daninhas (20 e 40 DAS), (S W_{21}) solarização do solo com polietileno transparente combinada com aplicação pré-emergente de oxadiargil 80% WP @ 100 g ha^{-1} , (S W_{22}) solarização do solo com polietileno transparente combinada com aplicação pós-emergente de quizalofop-ethyl 10 % EC @ 45 g ha^{-1} que foi a par com (S W_{23}) solarização do solo com polietileno transparente combinada com controlo sem ervas daninhas (20 e 40 DAS). No entanto, o menor rendimento de palha (q ha^{-1}) foi registado em (S W_{34}) controlo (sem solarização) combinado com controlo de ervas daninhas.

Quadro 17: Efeito da interação entre a solarização do solo e as medidas de gestão das infestantes no rendimento em sementes e em palha da mostarda, sob a influência de diferentes tratamentos.

Tratamentos	W_1	W_2	W_3	W_4
Rendimento das sementes (q ha)$^{-1}$				
S_1	10.26	10.10	11.72	9.04
S_2	11.75	10.79	12.16	9.86
S_3	8.44	8.26	8.62	7.03

Rendimento em palha (q ha)-1				
S_1	24.12	24.38	26.51	23.55
S_2	26.64	26.35	27.43	25.44
S_3	23.27	22.67	23.53	22.08
Rendimento das sementes (q ha)-1			Rendimento em palha (q ha)-1	
S.Em±	0.37		1.18	
C. D.a 5%	1.15		3.64	

4.4.3 Índice de colheita (%)

Os dados relativos ao índice de colheita (%) influenciado pelos diferentes tratamentos são apresentados no Quadro 16. O índice de colheita médio (%) foi de 28,37 %, respetivamente.

Efeito da solarização do solo

Os dados apresentados na Tabela 16 indicam que o índice de colheita (%) da mostarda foi influenciado por diferentes tratamentos de solarização do solo. O índice de colheita mais alto foi observado no tratamento de solarização do solo com polietileno transparente (S_2) em relação ao controle (sem solarização) (S_3) e foi encontrado no mesmo nível do tratamento de solarização do solo com polietileno preto (S_1). Ambos os tratamentos, ou seja, a solarização do solo com polietileno transparente (S_2) e a solarização do solo com polietileno preto (S_1), foram superiores ao controlo (sem solarização) (S_3).

Efeito das medidas de gestão das infestantes

A análise dos dados apresentados no quadro 16 revelou que as diferentes medidas de gestão das infestantes influenciaram o índice médio de colheita (%) da mostarda, durante o ano de experimentação.

Os dados apresentados no quadro 16 revelam que, entre

os diferentes tratamentos, o controlo sem ervas daninhas (20 e 40 DAS) (W_3) registou um índice de colheita mais elevado (%) e foi igual à aplicação pré-emergência de oxadiargil 80% WP @ 100 g ha^{-1} (W_1). Enquanto a aplicação pré-emergente de oxadiargyl 80% WP @ 100 g ha^{-1} e a aplicação pós-emergente de quizalofop-ethyl 10 % EC @ 45 g ha^{-1} foram iguais entre si e superiores ao controlo de ervas daninhas (W)4

Efeito de interação

O efeito de interação entre os tratamentos de solarização do solo e as medidas de gestão das ervas daninhas foi significativo no que diz respeito ao índice de colheita (%) da mostarda. Maior índice de colheita (%) foi observado no tratamento (S W_{23}) solarização do solo com polietileno transparente junto com controle livre de ervas daninhas (20 e 40 DAS). Numericamente, o menor índice de colheita (%) foi observado no tratamento de controlo (sem solarização) combinado com controlo de ervas daninhas (S W_{34}).

4.4.4 Índice de infestantes (%)

Os dados relativos ao índice de infestantes são apresentados no Quadro 16.

Efeito das medidas de gestão das infestantes

A partir dos dados apresentados na Tabela 16, observou-se que o índice de ervas daninhas numericamente mais baixo (%) foi registado pelo tratamento de aplicação pré-emergência de oxadiargil 80% WP @ 100 g ha^{-1} (W_1) seguido pelo tratamento de aplicação pós-emergência de quizalofop-ethyl 10 % EC @ 45 g ha^{-1} (W_2) sobre o resto das medidas de gestão de ervas daninhas. Enquanto o índice de ervas daninhas numericamente mais elevado (%) foi registado no tratamento de controlo de ervas daninhas (W_4) durante o ano de estudo.

4.5 Estudos de infestantes

A densidade das ervas daninhas e a acumulação de matéria seca das ervas daninhas foram registadas aos 30 DAS, 60 DAS e na colheita. A eficiência do controlo das ervas daninhas foi calculada durante o ano de estudo.

Quadro 18: Flora infestante dominante observada na cultura da mostarda.

N.º Sr.	Nome Botânico	Família	Nome comum
1.	*Celosia argentea* L.	Amaranthaceae	Kurdu/Kombada
2.	*Cleome viscose* L.	Cleomaceae	Pivali tilvan
3.	*Cardiospermum halicacabum* L.	Sapindáceas	Kanphuti/kapalphodi
4.	*Tinospora glabra* L.	Menispermáceas	Gulvel

4.5.1 Número total de infestantes m^{-2}

Os dados relativos ao número médio de ervas daninhas na mostarda, influenciados pelos diferentes tratamentos, são apresentados na Tabela 19. O número total médio de ervas daninhas (m^{-2}) aos 30 DAS, 60 DAS e na colheita foi de 10,97, 22,67 e 15,67, respetivamente.

Efeito da solarização do solo

A análise dos dados apresentados na Tabela 19 indica que a densidade média de ervas daninhas m^{-2} foi influenciada significativamente pelos diferentes tratamentos de solarização do solo. Aos 30, 60 DAS e na colheita foi registada uma menor densidade de ervas daninhas m^{-2} no tratamento (S_2) solarização do solo com polietileno transparente seguido de (S_1) solarização do solo com polietileno preto. Enquanto que a maior densidade de ervas daninhas foi registada no (S_3) controlo (sem solarização).

Efeito das medidas de gestão das infestantes

Os dados apresentados no Quadro 19 indicam que a densidade média de ervas daninhas m^{-2} foi afetada significativamente devido a várias medidas de gestão de ervas daninhas.

Aos 30, 60 DAS e na colheita, o tratamento de controlo sem ervas daninhas (20 e 40 DAS) (W_3) registou um valor significativamente mais baixo de densidade de ervas daninhas m^{-2} em relação ao resto das medidas de gestão de ervas daninhas, exceto os tratamentos de aplicação pré-emergência de oxadiargil 80% WP @ 100 g ha^{-1} (W_1) e aplicação pós-emergência de quizalofop-ethyl 10 % EC @ 45 g ha^{-1} (W_2) que foi igual ao controlo sem ervas daninhas (20 e 40 DAS) (W_3). Enquanto o valor mais alto da densidade de ervas daninhas m^{-2} foi registado no controlo de ervas daninhas (W_4).

Quadro 19: Eficiência de controlo das infestantes (%) e número total de infestantes m^{-2} aos 30 DAS, 60 DAS e na colheita, influenciados pelos diferentes tratamentos.

Tratamentos		Contagem total de infestantes (m)$^{-2}$					
		30 DAS	WCE%	60 DAS	WCE%	Na colheita	WCE%
(A)	Tratamentos da parcela principal - Solarização (30 dias)						
S_1	Solarização do solo com polietileno preto	10.75 (3.09)	19.89	21.25 (4.46)	24.78	14.50 (3.78)	21.28
S_2	Solarização do solo com	8.75 (2.77)	34.79	18.50 (4.14)	34.51	14.08 (3.77)	23.56

	polietileno transparente						
S_3	Controlo (sem solarização)	13.42 (3.49)	-	28.25 (5.19)	-	18.42 (4.29)	-
	S.Em±	- (0.07)	-	- (0.04)	-	- (0.05)	-
	C. D.a 5%	- (0.29)	-	- (0.15)	-	- (0.18)	-
(B)	**Tratamentos das subparcelas - Medidas de gestão das infestantes**						
W_1	Aplicação pré-emergência de oxadiargil 80% WP @ 100 g ha^{-1}	10.53 (3.29)	44.58	24.44 (4.71)	27.17	15.00 (3.87)	32.49
W_2	Aplicação pós-emergência de quizalofope etílico 10 % CE @ 45 g ha^{-1}	13.58 (3.74)	28.53	27.22 (5.49)	18.89	17.44 (4.26)	21.51
W_3	Controlo sem ervas daninhas (20 DAS e 40 DAS)	0.78 (1.06)	95.89	5.44 (2.37)	83.79	8.00 (2.89)	63.99
W_4	Controlo de infestantes	19.00 (4.38)	-	33.56 (5.82)	-	22.22 (4.75)	-
	S.Em±	- (0.08)	-	- (0.15)	-	- (0.11)	-
	C. D.a 5%	- (0.28)	-	- (0.52)	-	- (0.40)	-
(C)	**Efeito de interação**						
	S.Em±	- (0.24)	-	- (0.30)	-	- (0.32)	-
	C. D.a 5%	- (0.74)	-	- (0.93)	-	- (0.98)	-
	Média geral	10.97 (3.12)	-	22.67 (4.59)	-	15.67 (3.94)	-

O número entre parêntesis indica a transformação da raiz quadrada ($\sqrt{x + o.5}$)

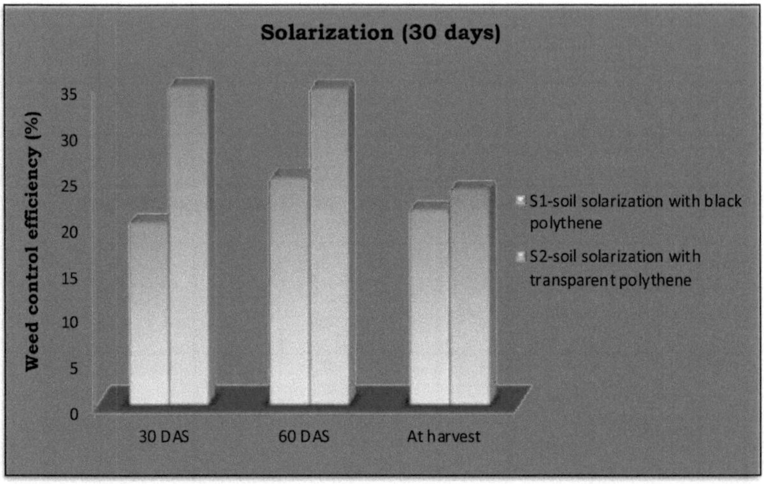

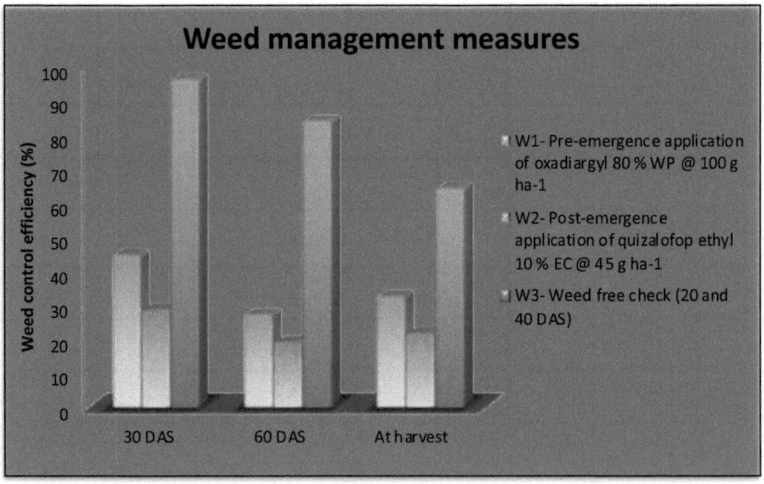

Fig. 10: Eficiência de controlo de ervas daninhas (%) influenciada por diferentes tratamentos

Efeito de interação

O efeito de interação entre os diferentes tratamentos de

solarização do solo e as medidas de gestão de ervas daninhas diferem significativamente no caso da densidade de ervas daninhas m^{-2} durante o ano de investigação.

Tabela 20: Efeito da interação entre a solarização do solo e as medidas de gestão das infestantes no número total de infestantes m^{-2} influenciado pelos diferentes tratamentos.

Tratamentos	W_1	W_2	W_3	W_4
		30 DAS		
S_1	8.93	15.07	0.67	18.33
S_2	8.33	13.33	0.00	13.33
S_3	14.33	12.33	1.67	25.33
		60 DAS		
S_1	19.00	27.00	5.00	34.00
S_2	19.00	24.33	3.00	27.67
S_3	27.33	38.33	8.33	39.00
		Na colheita		
S_1	14.00	15.00	6.33	22.67
S_2	12.33	17.33	7.67	19.00
S_3	17.67	21.00	10.00	25.00
30 DAS		**60 DAS**		**Na colheita**
S.Em±	1.60	2.47		2.46
C. D.a 5%	4.92	7.61		7.56

Os dados apresentados no Quadro 20 indicam que, aos 30 DAS, o tratamento (S W_{23}) de solarização do solo com polietileno transparente combinado com controlo sem ervas daninhas (20 e 40 DAS) registou um valor significativamente mais baixo de densidade de ervas daninhas m^{-2} em relação ao resto das combinações de tratamento.

Aos 60 DAS foi registado um valor mais baixo de densidade

de ervas daninhas m^{-2} no tratamento de solarização do solo com polietileno transparente combinado com controlo sem ervas daninhas (20 e 40 DAS) (S W_{23}), enquanto o tratamento de controlo (sem solarização) combinado com controlo de ervas daninhas (S W_{34}) registou um valor significativamente mais elevado de densidade de ervas daninhas m^{-2} em relação ao resto das combinações de tratamento, exceto as combinações de tratamento, ou seja, S W_{14} e S W_{32} foram encontradas a par com S W_{34} .

Na colheita, foi registado um valor mais baixo de densidade de ervas daninhas m^{-2} no tratamento de solarização do solo com polietileno transparente combinado com controlo sem ervas daninhas (20 e 40 DAS) (S W_{23}). O tratamento (S W_{34}) controlo combinado com controlo de ervas daninhas registou um valor significativamente mais elevado de densidade de ervas daninhas m^{-2} seguido das combinações de tratamento S W_{14} .

4.5.2 Eficiência do controlo de infestantes

Os dados relativos à eficiência do controlo das infestantes são apresentados no quadro 19.

Efeito das medidas de gestão das infestantes

A partir dos dados apresentados na Tabela 19, observou-se que, numericamente, a maior eficiência de controlo de ervas daninhas foi registada pelo tratamento de controlo sem ervas daninhas (20 e 40 DAS) (W_3) sobre o resto da medida de gestão de ervas daninhas, seguido pelos tratamentos de aplicação pré-emergência de oxadiargil 80% WP @ 100 g ha^{-1} (W_1) e aplicação pós-emergência de quizalofop-ethyl 10 % EC @ 45 g ha^{-1} (W_2) em ordem decrescente durante o ano de estudo.

4.5.3 Acumulação de matéria seca de ervas daninhas (g)

Os dados relativos à acumulação média de matéria seca de ervas daninhas (g) na mostarda, influenciada por vários tratamentos, são apresentados no Quadro 21. As acumulações médias de matéria seca de ervas daninhas (g) aos 30 DAS, 60 DAS e na colheita foram 1,41, 3,01 e 2,43, respetivamente.

Quadro 21: Matéria seca das ervas daninhas (g) aos 30 DAS, 60 DAS e na colheita, influenciada pelos diferentes tratamentos.

Tratamentos		Matéria seca da erva (gm)$^{-2}$		
		30 DAS	**60 DAS**	**Na colheita**
(A)	**Tratamentos da parcela principal - Solarização (30 dias)**			
S_1	Solarização do solo com polietileno preto	1.27 (1.35)	2.93 (1.84)	2.30 (1.69)
S_2	Solarização do solo com polietileno transparente	1.04 (1.29)	2.84 (1.82)	2.25 (1.66)
S_3	Controlo (sem solarização)	1.93 (1.54)	3.26 (1.91)	2.74 (1.78)
	S.Em±	- (0.04)	- (0.02)	- (0.02)
	C. D.a 5%	- (0.16)	- (0.06)	- (0.09)
(B)	**Tratamentos das subparcelas - Medidas de gestão das infestantes**			
W_1	Aplicação pré-emergência de oxadiargil 80% WP @ 100 g ha^{-1}	1.16 (1.27)	2.45 (1.70)	2.21 (1.64)
W_2	Aplicação pós-emergência de quizalofope etílico 10 % CE @ 45 g ha^{-1}	1.25 (1.31)	3.00 (1.86)	2.34 (1.67)
W_3	Controlo sem ervas daninhas (20 e 40 DAS)	0.91 (1.14)	1.71 (1.48)	1.75 (1.49)
W_4	Controlo de infestantes	2.33 (1.67)	4.88 (2.31)	3.43 (1.92)
	S.Em±	- (0.07)	- (0.06)	- (0.06)
	C. D.a 5%	- (0.23)	- (0.22)	- (0.20)
(C)	**Efeito de interação**			

	S.Em±	- (0.15)	- (0.16)	- (0.11)
	C. D.a 5%	- (0.46)	- (0.49)	- (0.35)
	Média geral	1.41 (1.35)	3.01 (1.84)	2.43 (1.69)

O número entre parêntesis indica a transformação da raiz quadrada ($\sqrt{x + o.5}$)

Efeito da solarização do solo

Os dados apresentados na Tabela 21 indicam que a acumulação média de matéria seca das ervas daninhas (g) foi influenciada significativamente pelos diferentes tratamentos de solarização do solo. Aos 30, 60 DAS e na colheita, o peso seco mais baixo das ervas daninhas (g) foi registado no tratamento (S_2) solarização do solo com polietileno transparente seguido de (S_1) solarização do solo com polietileno preto. Enquanto que o maior peso seco de ervas daninhas (g) foi registado em (S_3) controlo (sem solarização).

Efeito das medidas de gestão das infestantes

Os dados apresentados no Quadro 21 indicam que o peso seco médio das ervas daninhas (g) foi influenciado significativamente pelas várias medidas de controlo das ervas daninhas. Aos 30, 60 DAS e no tratamento de colheita, o controlo sem ervas daninhas (20 e 40 DAS) (W_3) registou um valor significativamente mais baixo de peso seco de ervas daninhas em relação ao resto das medidas de gestão de ervas daninhas, exceto os tratamentos de aplicação pré-emergência de oxadiargil 80% WP @ 100 g ha^{-1} (W_1) e aplicação pós-emergência de quizalofop-ethyl 10 % EC @ 45 gha^{-1} (W_2) que foi igual ao controlo sem ervas daninhas (20 e 40 DAS) (W_3). Enquanto o valor mais alto de peso seco de ervas daninhas (g) foi registado no controlo de ervas daninhas (W_4).

Efeito de interação

O efeito de interação entre os diferentes tratamentos de solarização do solo e as medidas de gestão das ervas daninhas diferem significativamente no caso do peso seco das ervas daninhas (g) durante o ano de investigação.

Os dados apresentados no Quadro 22 indicam que, aos 30 DAS, o peso seco das ervas daninhas (g) foi significativamente mais baixo no tratamento de solarização do solo com polietileno transparente combinado com controlo sem ervas daninhas (20 e 40 DAS) (S W_{23}). O tratamento (S W_{34}) controlo combinado com controlo de ervas daninhas registou um valor significativamente mais elevado de peso seco de ervas daninhas, exceto as combinações de tratamento, ou seja, S W_{14} , S W , S_{2431} , WS W_{32} e S W_{34} sobre o resto das combinações de tratamento.

Quadro 22: Efeito da interação entre a solarização do solo e as medidas de gestão das infestantes na matéria seca das infestantes (g), influenciada pelos diferentes tratamentos.

Tratamentos	W_1	W_2	W_3	W_4
30DAS				
S_1	0.77	1.20	0.66	2.44
S_2	0.95	1.00	0.34	1.88
S_3	1.77	1.56	1.72	2.66
60 DAS				
S_1	2.53	2.55	1.85	4.80
S_2	2.12	2.93	1.41	4.88
S_3	2.68	3.52	1.87	4.95
Na colheita				
S_1	2.03	2.56	1.81	2.78

S_2	2.68	1.53	1.39	3.41
S_3	1.92	2.92	2.04	4.10
30 DAS		**60 DAS**		**Na colheita**
S.Em±	0.40	0.59		0.38
C. D.a 5%	1.23	1.83		1.17

Aos 60 DAS, o tratamento de solarização do solo com polietileno transparente combinado com controlo sem ervas daninhas (20 e 40 DAS) (S W_{23}) registou um peso seco de ervas daninhas (g) significativamente mais baixo. O tratamento (S W_{34}) de controlo combinado com controlo de ervas daninhas registou um valor significativamente mais elevado de peso seco de ervas daninhas em relação ao resto das combinações de tratamento, exceto as combinações de tratamento, ou seja, S W_{14} , S W_{24} e S W_{32} foram encontrados a par com S W_{34} .

Na colheita, foi registado um valor mais baixo de peso seco de ervas daninhas no tratamento de solarização do solo com polietileno transparente combinado com controlo sem ervas daninhas (20 e 40 DAS) (S W_{23}). O tratamento (S W_{34}) de controlo combinado com controlo de infestantes registou um valor significativamente mais elevado de peso seco de infestantes, seguido das combinações de tratamento S W_{24} .

4.6 Estudos sobre o teor e a absorção de nutrientes pelas plantas

4.6.1 Teor de nutrientes (%) nas sementes

Os dados apresentados no quadro 23, relativos ao teor de azoto, fósforo e potássio nas sementes de mostarda (%), afectados por diferentes tratamentos de solarização do solo e diferentes medidas de gestão de ervas daninhas, foram registados na colheita.

4.6.1.1 Teor de azoto (%) nas sementes

O teor de nitrogênio no grão de mostarda (%) influenciado por diferentes tratamentos de solarização do solo e medidas de manejo de ervas daninhas é apresentado na Tabela 23. O teor médio de azoto no grão de mostarda foi de 3,01 %.

Efeito da solarização do solo

A leitura dos dados apresentados na Tabela 23 mostrou que o teor médio de azoto na semente (%) foi significativamente influenciado pelos diferentes tratamentos de solarização do solo. Observou-se um teor significativamente mais elevado de azoto no grão (%) no tratamento de solarização do solo com polietileno transparente (S_2) seguido de solarização do solo com polietileno preto (S_1). O teor de azoto numericamente mais baixo (%) foi registado no controlo (sem solarização) (S_3).

Efeito das medidas de gestão das infestantes

Os dados apresentados no Quadro 23 revelaram que o teor médio de azoto na semente (%) foi significativamente influenciado pelas diferentes medidas de gestão das infestantes. No entanto, o teor de nitrogênio numericamente mais alto (%) foi registrado na verificação sem ervas daninhas (20 e 40 DAS) (W_3) seguido pelo tratamento de aplicação pré-emergente de oxadiargil 80% WP @ 100 g ha^{-1} (W_1) e aplicação pós-emergente de quizalofop-ethyl 10 % EC @ 45 g ha^{-1} (W_2). O teor de azoto (%) estatisticamente mais baixo foi registado no controlo de ervas daninhas (W_4).

Efeito de interação

O efeito de interação entre os diferentes tratamentos de

solarização do solo e as medidas de gestão das infestantes não atingiu o nível de significância no caso do teor de azoto (%) nas sementes de mostarda.

4.6.1.2 Teor de fósforo (%) nas sementes

Vislumbre dos dados apresentados na Tabela 23 sobre o teor de fósforo na semente de mostarda (%) influenciado por diferentes tratamentos de solarização do solo e medidas de manejo de ervas daninhas. O teor médio de fósforo na semente de mostarda foi de 0,66%.

Efeito da solarização do solo

Os dados apresentados no Quadro 23 revelam que o teor de fósforo na semente de mostarda (%) foi significativamente mais elevado no tratamento de solarização do solo com polietileno transparente (S_2), seguido da solarização do solo com polietileno preto (S_1) e do controlo (sem solarização) (S_3), por ordem decrescente.

Efeito das medidas de gestão das infestantes

A leitura dos dados apresentados no Quadro 23 mostra que o teor de fósforo na semente de mostarda (%) foi significativamente afetado por diferentes medidas de gestão de ervas daninhas. Foi registado um teor significativamente mais elevado de fósforo (%) nas sementes de mostarda no tratamento sem controlo de infestantes (20 e 40 DAS) (W_3). A aplicação pré-emergente de oxadiargil 80% WP @ 100 g ha^{-1} (W_1) e a aplicação pós-emergente de quizalofop-ethyl 10 % EC @ 45 g ha^{-1} (W_2) foram iguais entre si e superiores ao controlo de infestantes (W_4).

Quadro 23: Teor de azoto, fósforo e potássio em sementes de mostarda na colheita, influenciado por diferentes

tratamentos.

	Tratamentos	N conteúdo (%)	P conteúdo (%)	K conteúdo (%)
(A)	**tratamento da parcela principal - Solarização (30 dias)**			
S_1	Solarização do solo com polietileno preto	3.00	0.66	0.86
S_2	Solarização do solo com polietileno transparente	3.13	0.70	0.89
S_3	Controlo (sem solarização)	2.89	0.63	0.84
	S.Em±	0.04	0.01	0.01
	C. D.a 5%	0.15	0.04	0.03
(B)	**Tratamentos das subparcelas - Medidas de gestão das infestantes**			
W_1	Aplicação pré-emergência de oxadiargil 80% WP @ 100 g ha^{-1}	3.05	0.67	0.89
W_2	Aplicação pós-emergência de quizalofope etílico 10 % CE a 45 g ha^{-1}	3.03	0.65	0.86
W_3	Controlo sem ervas daninhas (20 e 40DAS)	3.11	0.70	0.90
W_4	Controlo de infestantes	2.83	0.61	0.81
	S.Em±	0.05	0.01	0.01
	C. D.a 5%	0.17	0.04	0.05
(C)	**Efeito de interação**			
	S.Em±	0.13	0.04	0.05
	C. D.a 5%	NS	NS	NS
	Média geral	3.01	0.66	0.86

Efeito de interação

O efeito de interação entre os diferentes tratamentos de solarização do solo e as medidas de gestão das ervas daninhas não foi significativo no caso do teor de fósforo nas sementes de mostarda (%).

4.6.1.3 Teor de potássio (%) nas sementes

O teor de potássio na semente de mostarda (%) influenciado por diferentes tratamentos de solarização do solo e medidas de manejo de ervas daninhas é apresentado na Tabela 23. O teor médio de potássio no grão de mostarda foi de 0,86%.

Efeito da solarização do solo

Os dados apresentados no Quadro 23 revelam que o teor de potássio nas sementes de mostarda (%) foi significativamente influenciado pelos diferentes tratamentos de solarização do solo. Observou-se um teor significativamente mais elevado de potássio nas sementes de mostarda no tratamento de solarização do solo com polietileno transparente (S_2), seguido do tratamento de solarização do solo com polietileno preto (S_1) e superior ao controlo (sem solarização) (S_3).

Efeito das medidas de gestão das infestantes

A leitura dos dados apresentados no Quadro 23 revelou que o teor médio de potássio na semente (%) foi significativamente influenciado por diferentes medidas de controlo de infestantes. Foi registado um teor significativamente mais elevado de potássio na semente de mostarda (%) no tratamento de controlo sem ervas daninhas (20 e 40 DAS) (W_3) em relação ao resto das medidas de gestão de ervas daninhas em estudo, exceto no tratamento de préA aplicação pré-emergente de oxadiargil 80% WP @ 100 g ha^{-1} (W_1) e a aplicação pós-emergente de quizalofop-ethyl 10 % EC @ 45 g ha^{-1} (W_2) foram iguais ao tratamento sem ervas daninhas (20 e 40 DAS) (W_3) e superiores ao tratamento com ervas daninhas (W_4).

Efeito de interação

O efeito de interação entre os diferentes tratamentos de

solarização do solo e as medidas de gestão das infestantes não foi significativo no que diz respeito ao teor de potássio nas sementes de mostarda (%).

4.6.2 Teor de nutrientes (%) na palha

Os dados apresentados no quadro 24, relativos ao teor de azoto, fósforo e potássio na palha de mostarda (%), afectados por diferentes tratamentos de solarização do solo e diferentes medidas de gestão de ervas daninhas, foram registados na colheita.

4.6.2.1 Teor de azoto (%) na palha

Os dados apresentados no Quadro 23 referem-se ao teor de azoto na palha de mostarda (%) influenciado por diferentes tratamentos de solarização do solo e medidas de gestão de infestantes. O teor médio de azoto na palha de mostarda foi de 0,86 %.

Efeito da solarização do solo

O vislumbre dos dados apresentados no Quadro 24 implica que o teor médio de azoto na palha de mostarda (%) difere significativamente devido aos diferentes tratamentos de solarização do solo. Observou-se um teor médio de azoto (%) significativamente mais elevado no tratamento solarização do solo com polietileno transparente (S_2) > solarização do solo com polietileno preto (S_1) > controlo (sem solarização) (S_3) por ordem decrescente.

Efeito das medidas de gestão das infestantes

Os dados apresentados no Quadro 24 indicam que, entre as diferentes medidas de gestão de infestantes, o tratamento de controlo sem ervas daninhas (20 e 40 DAS) (W_3) registou um valor significativamente mais elevado de teor de azoto (%), seguido dos tratamentos de aplicação pré-emergência de oxadiargil 80% WP @ 100 g ha^{-1} (W_1) e de aplicação pós-emergência de quizalofop-ethyl 10 % EC @ 45 g ha^{-1} (W_2) foi igual ao controlo sem ervas daninhas (20 e 40 DAS) (W_3) e superior ao controlo com ervas daninhas (W_4).

Efeito de interação

O efeito da interação entre a solarização do solo e as medidas de gestão das infestantes não teve efeito significativo no teor médio de azoto na palha (%).

4.6.2.2 Teor de fósforo (%) na palha

Os dados relativos ao teor de fósforo na palha de mostarda (%), influenciado por diferentes tratamentos de solarização do solo e medidas de controlo de infestantes, são apresentados no Quadro 24. O teor médio de fósforo na palha de mostarda foi de 0,31%.

Efeito da solarização do solo

A análise dos dados apresentados no Quadro 24 indica que o teor de fósforo na palha de mostarda (%) influenciou significativamente os diferentes tratamentos de solarização do solo. Foi registado um teor significativamente mais elevado de fósforo na palha no tratamento de solarização do solo com polietileno transparente (S_2) seguido do tratamento de solarização do solo com polietileno preto (S_1). Enquanto o menor teor de fósforo na palha de mostarda foi observado no controlo (sem solarização) (S_3).

Efeito das medidas de gestão das infestantes

Os dados apresentados no quadro 24 mostram que, entre

as diferentes medidas de gestão das infestantes, o tratamento de controlo sem ervas daninhas (20 e 40 DAS) (W_3) registou um valor significativamente mais elevado de teor de fósforo (%), seguido pelo tratamento de aplicação pré-emergência de oxadiargil 80% WP @ 100 g ha^{-1} (W_1) e aplicação pós-emergência de quizalofop-ethyl 10 % EC @ 45 g ha^{-1} (W_2) foi igual ao controlo sem ervas daninhas (20 e 40 DAS) (W_3) e superior ao controlo com ervas daninhas (W_4).

Efeito de interação

Não se verificou qualquer interação significativa entre os tratamentos de solarização do solo e as medidas de gestão das infestantes no teor médio de fósforo na palha (%).

4.6.2.3 Teor de potássio (%) na palha

Os dados referentes ao efeito de diferentes tratamentos de solarização do solo e medidas de manejo de ervas daninhas no teor médio de potássio na palha (%) são apresentados na Tabela 24. O teor médio de potássio na palha de mostarda foi de 1,02%.

Efeito da solarização do solo

Os dados apresentados na Tabela 24 indicam que o teor médio de potássio na palha de mostarda difere significativamente devido aos diferentes tratamentos de solarização do solo. Observou-se um teor médio de potássio significativamente mais elevado (%) no tratamento de solarização do solo com polietileno transparente (S_2) > solarização do solo com polietileno preto (S_1) > controlo (sem solarização) (S_3), por ordem decrescente.

Efeito das medidas de gestão das infestantes

Os dados apresentados na Tabela 24 mostraram que, entre as diferentes medidas de gestão de ervas daninhas, o tratamento de controlo sem ervas daninhas (20 e 40 DAS) (W_3) registou um valor significativamente mais elevado de teor de potássio (%), seguido do tratamento de aplicação pré-emergência de oxadiargil 80% WP @ 100 g ha^{-1} (W_1) e aplicação pós-emergência de quizalofop-ethyl 10 % EC @ 45 g ha^{-1} (W_2) foi encontrado a par com o controlo sem ervas daninhas (20 e 40 DAS) (W_3) e superior ao controlo com ervas daninhas (W_4).

Quadro 24: Teor de azoto, fósforo e potássio na palha de mostarda na colheita, influenciado por diferentes tratamentos.

Tratamentos		N conteúdo (%)	P conteúdo (%)	K conteúdo (%)
(A)	**tratamento da parcela principal - Solarização (30 dias)**			
S_1	Solarização do solo com polietileno preto	0.86	0.31	1.02
S_2	Solarização do solo com polietileno transparente	0.89	0.33	1.13
S_3	Controlo (sem solarização)	0.83	0.29	0.90
	S.Em±	0.01	0.01	0.04
	C. D.a 5%	0.03	0.02	0.16
(B)	**Tratamentos das subparcelas - Medidas de gestão das infestantes**			
W_1	Aplicação pré-emergência de oxadiargil 80% WP @ 100 g ha^{-1}	0.87	0.32	1.07
W_2	Aplicação pós-emergência de quizalofope etílico 10 % CE a 45 g ha^{-1}	0.86	0.31	1.04
W_3	Controlo sem ervas daninhas (20 e 40 DAS)	0.90	0.34	1.11
W_4	Controlo de infestantes	0.82	0.29	0.85
	S.Em±	0.01	0.01	0.05
	C. D.a 5%	0.04	0.03	0.17

(C)	Efeito de interação			
	S.Em±	0.04	0.03	0.13
	C. D.a 5%	NS	NS	NS
	Média geral	0.86	0.31	1.02

Efeito de interação

O efeito da interação entre a solarização do solo e as medidas de gestão das infestantes não teve efeito significativo no teor médio de potássio na palha (%).

4.6.3 Estudos de absorção de nutrientes por cultura

4.6.3.1 Absorção de azoto pela mostarda (kg ha)$^{-1}$

Os dados relativos ao efeito de diferentes tratamentos de solarização do solo e medidas de gestão de ervas daninhas na absorção de azoto pela semente de mostarda, palha e absorção total de azoto são revelados no Quadro 25. O valor médio da absorção de azoto pela semente de mostarda, palha e total foi de 29,50, 21,32 e 50,82 (kg ha^{-1}), respetivamente.

Efeito da solarização do solo

A leitura dos dados apresentados no Quadro 25 indica que a absorção média de azoto pela semente de mostarda, palha e absorção total de azoto (kg ha^{-1}), foi significativa devido aos diferentes tratamentos de solarização do solo. O tratamento de solarização do solo com polietileno transparente (S_2) registou um valor significativamente mais elevado de absorção de azoto em sementes, palha e absorção total (kg ha^{-1}), em relação aos restantes tratamentos de solarização do solo em estudo.

Efeito das medidas de gestão das infestantes

A análise dos dados apresentados no Quadro 25 revelou que a absorção de azoto em sementes, palha e absorção total (kg ha^{-1}), pela mostarda, foi significativamente afetada por diferentes medidas de gestão de ervas daninhas. Observou-se uma absorção de azoto significativamente mais elevada nas sementes, na palha e no total no tratamento de controlo sem ervas daninhas (20 e 40 DAS) (W_3) e superior à dos restantes tratamentos durante o período de investigação. Os tratamentos de aplicação pré-emergente de oxadiargil 80% WP @ 100 g ha^{-1} (W_1) e aplicação pós-emergente de quizalofop-ethyl 10 % EC @ 45 g ha^{-1} (W_2) foram considerados iguais entre si e superiores ao controlo de infestantes (W_4).

Tabela 25: Absorção de azoto pela semente de mostarda, palha e total sob a influência de diferentes tratamentos.

	Tratamentos	Absorção de N por semente (kg ha)$^{-1}$	Absorção de N por palha (kg ha)$^{-1}$	Total N absorção (kg ha)$^{-1}$
(A)	**tratamento da parcela principal - Solarização (30 dias)**			
S_1	Solarização do solo com polietileno preto	30.84	21.19	52.03
S_2	Solarização do solo com polietileno transparente	34.86	23.56	58.43
S_3	Controlo (sem solarização)	23.38	19.00	42.38
	S.Em±	0.30	0.46	0.43
	C. D.a 5%	1.17	1.82	1.70
(B)	**Tratamentos das subparcelas - Medidas de gestão das infestantes**			
W_1	Aplicação pré-emergência de oxadiargil 80% WP @ 100 g ha)$^{-1}$	30.57	21.47	52.43
W_2	Aplicação pós-emergência de quizalofope etílico 10 % CE a 45 g ha^{-1}	29.45	21.04	50.48
W_3	Controlo sem ervas daninhas (20 e 40 DAS)	33.68	23.24	56.92
W_4	Controlo de infestantes	24.45	19.42	43.91
	S.Em±	0.68	0.42	0.85

	C. D.a 5%	2.34	1.46	2.93
(C)	**Efeito de interação**			
	S.Em±	1.18	1.44	1.55
	C. D.a 5%	3.62	4.44	4.76
	Média geral	29.50	21.32	50.82

Efeito de interação

O efeito de interação devido à solarização do solo e às medidas de gestão das infestantes foi significativo no que diz respeito à absorção média de azoto pelas sementes, palha e absorção total pela mostarda (kg ha^{-1}).

Os dados apresentados no Quadro 26 implicam que o tratamento (S W_{23}) solarização do solo com polietileno transparente combinado com controlo sem ervas daninhas (20 e 40 DAS) registou uma absorção de azoto na semente (kg ha^{-1}) significativamente mais elevada do que o resto das combinações de tratamento.

Tabela 26: Efeito da interação entre a solarização do solo e as medidas de gestão das infestantes na absorção de azoto pela semente de mostarda, palha e total, sob a influência de diferentes tratamentos.

Tratamentos	**W_1**	**W_2**	**W_3**	**W_4**
Absorção de azoto pelas sementes (kg ha) $^{-1}$				
S_1	31.46	30.56	36.32	25.70
S_2	36.23	32.28	40.30	31.08
S_3	23.73	24.66	25.32	16.39
Absorção de azoto pela palha (kg ha) $^{-1}$				
S_1	20.20	21.45	24.36	19.13
S_2	24.39	22.21	25.89	21.88
S_3	20.25	19.21	19.76	17.12
Absorção total de azoto (kg ha)$^{-1}$				

S_1	51.67	52.01	60.68	44.83
S_2	60.61	54.49	66.19	52.97
S_3	43.98	43.86	45.08	33.50
Absorção de azoto pelas sementes (kg ha)$^{-1}$		**Absorção de azoto pela palha (kg ha) $^{-1}$**		**Absorção total de azoto (kg ha)$^{-1}$**
S.Em±	1.18	1.44		1.55
C. D.a 5%	3.62	4.44		4.76

A solarização do solo com polietileno transparente combinada com um controlo sem ervas daninhas (20 e 40 DAS) (S W_{23}) registou um valor significativamente mais elevado de absorção de azoto pela palha (kg ha^{-1}), seguido pelas combinações de tratamento S W_{12} , S W_{13} , S W_{21} e S W_{22} sobre o resto das combinações de tratamento.

O tratamento (S W_{23}) solarização do solo com polietileno transparente combinado com controlo sem ervas daninhas (20 e 40 DAS) registou uma absorção total de azoto significativamente mais elevada (kg ha^{-1}) em relação ao resto das combinações de tratamento e foi considerado superior em relação a outras combinações de tratamento.

4.6.3.2 Absorção de fósforo pela mostarda

Os dados apresentados no Quadro 27 revelam que o efeito dos diferentes tratamentos de solarização do solo e das medidas de gestão das infestantes na absorção de fósforo pela semente de mostarda, palha e absorção total de azoto (kg ha^{-1}) foi significativamente influenciado. O valor médio da absorção de fósforo pela semente de mostarda, palha e total foi de 6,56, 7,73 e 14,29 (kg ha^{-1}), respetivamente.

Efeito da solarização do solo

A análise dos dados apresentados na Tabela 27 revelou que a absorção média de fósforo por sementes de mostarda, palha e absorção total de fósforo (kg ha^{-1}) foi significativamente influenciada pelos diferentes tratamentos de solarização do solo. A absorção significativamente mais elevada de fósforo pelas sementes, palha e total (kg ha^{-1}) foi registada pelo tratamento de solarização do solo com polietileno transparente (S_2) em relação aos restantes tratamentos de solarização do solo em estudo.

Efeito das medidas de gestão das infestantes

A absorção de fósforo em sementes, palha e absorção total (kg ha^{-1}) pela mostarda foi significativamente afetada por diferentes medidas de gestão de ervas daninhas. Observou-se uma absorção significativamente maior de fósforo na semente, na palha e no total no tratamento de controlo sem ervas daninhas (20 e 40 DAS) (W_3), que foi superior ao resto dos tratamentos durante o período de investigação. Os tratamentos de aplicação pré-emergente de oxadiargil 80% WP @ 100 g ha^{-1} (W_1) e aplicação pós-emergente de quizalofop-ethyl 10 % EC @ 45 g ha^{-1} (W_2) foram considerados iguais entre si e superiores ao controlo de ervas daninhas (W_4) são apresentados no Quadro 27.

Tabela 27: Absorção de fósforo pela semente de mostarda, palha e total, influenciada por diferentes tratamentos.

Tratamentos		Absorção de P por semente (kg ha)-1	Absorção de P por palha (kg ha)-1	Total P absorção (kg ha)-1
(A)	**tratamento da parcela principal - Solarização (30 dias)**			
S_1	Solarização do solo com polietileno preto	6.78	7.64	14.42

S_2	Solarização do solo com polietileno transparente	7.80	8.73	16.53
S_3	Controlo (sem solarização)	5.10	6.64	11.74
	S.Em±	0.07	0.21	0.25
	C. D.a 5%	0.29	0.84	0.99
(B)	**Tratamentos das subparcelas - Medidas de gestão das infestantes**			
W_1	Aplicação pré-emergência de oxadiargil 80% WP @ 100 g ha^{-1}	6.80	7.90	14.70
W_2	Aplicação pós-emergência de quizalofope etílico 10 % CE a 45 g ha^{-1}	6.32	7.58	13.91
W_3	Controlo sem ervas daninhas (20 e 40 DAS)	7.58	8.78	16.36
W_4	Controlo de infestantes	5.27	6.87	12.14
	S.Em±	0.16	0.18	0.26
	C. D.a 5%	0.55	0.63	0.91
(C)	**Efeito de interação**			
	S.Em±	0.40	0.67	0.69
	C. D.a 5%	1.23	2.08	2.11
	Média geral	6.56	7.73	14.29

Efeito de interação

O efeito de interação devido à solarização do solo e às medidas de gestão das infestantes foi significativo no que diz respeito à absorção média de fósforo pelas sementes, palha e absorção total pela mostarda (kg ha^{-1}).

Tabela 28: Efeito da interação entre a solarização do solo e as medidas de gestão das infestantes na absorção de fósforo pela semente de mostarda, palha e total, influenciada pelos diferentes tratamentos.

Tratamentos	W_1	W_2	W_3	W_4
Absorção de P pelas sementes (kg ha) $^{-1}$				
S_1	6.53	6.80	8.36	5.49

S_2	8.42	6.95	9.23	6.51
S_3	5.65	5.35	5.51	3.96
Absorção de P pela palha (kg ha) $^{-1}$				
S_1	7.65	7.24	8.47	7.39
S_2	8.61	8.85	10.60	7.20
S_3	7.25	6.51	7.13	5.87
Absorção total de P (kg ha)$^{-1}$				
S_1	14.18	14.04	16.83	12.88
S_2	17.03	15.79	19.84	13.71
S_3	12.90	11.85	12.64	9.83
Absorção de P pelas sementes (kg ha) $^{-1}$		**Absorção de P pela palha (kg ha) $^{-1}$**		**Absorção total de P (kg ha)$^{-1}$**
S.Em±	0.40	0.67		0.69
C. D.a 5%	1.23	2.08		2.11

Os dados apresentados na Tabela 28 indicam que, The treatment (S W_{23}) soil solarization with transparent polythene combined with weed free check (20 and 40 DAS) recorded significantly higher phosphorus uptake in seeds (kg ha^{-1}) over rest of the treatment combinations except treatment combinations soil solarization with black polythene combined with weed free check (20 and 40 DAS) (S W_{13}) and soil solarization with transparent polythene combined with pre-emergência de oxadiargil 80% WP@ 100 g ha^{-1} (S W_{21}) que foram encontrados a par com o tratamento (S W_{23}) solarização do solo com polietileno transparente combinado com controlo livre de ervas daninhas (20 e 40 DAS) e superior ao resto das combinações de tratamento.

O tratamento de solarização do solo com polietileno transparente combinado com controlo sem ervas daninhas (20 e 40 DAS) (S W_{23}) registou um valor significativamente mais elevado de absorção de fósforo pela palha (kg ha^{-1}), seguido pelas combinações de tratamento S W_{13} , S W_{21} e S W_{22} em relação às restantes combinações de tratamento.

A solarização do solo com polietileno transparente combinada com controlo sem ervas daninhas (20 e 40 DAS) (S W_{23}) registou uma absorção total de fósforo significativamente mais elevada (kg ha^{-1}) em relação ao resto das combinações de tratamento e foi considerada superior em relação a outras combinações de tratamento.

4.6.3.3 Absorção de potássio pela mostarda

Os dados relativos ao efeito dos diferentes tratamentos na absorção de potássio pelo grão de mostarda, palha e absorção total (kg ha^{-1}) são apresentados no Quadro 29. O valor médio da absorção de potássio pelo grão de mostarda, palha e total foi de 8,14, 21,93 e 33,60 (kg ha^{-1}), respetivamente.

Efeito da solarização do solo

A análise dos dados apresentados no Quadro 29 revelou que a absorção média de potássio pelas sementes de mostarda, palha e absorção total de potássio (kg ha^{-1}) foi significativamente influenciada pelos diferentes tratamentos de solarização do solo. A absorção significativamente mais elevada de potássio pelas sementes, palha e total (kg ha^{-1}) foi registada no tratamento de solarização do solo com polietileno transparente (S_2), seguido do tratamento de solarização do solo com polietileno preto (S_1), em relação ao tratamento de controlo (sem solarização) (S_3).

Tabela 29: Absorção de potássio pela semente de mostarda, palha e total, influenciada por diferentes tratamentos.

Tratamentos	Absorçã o de K	Absorçã o de K	Total K absorç ão

		por semente (kg ha)$^{-1}$	por palha (kg ha)$^{-1}$	(kg ha)$^{-1}$
(A)	**tratamento da parcela principal - Solarização (30 dias)**			
S_1	Solarização do solo com polietileno preto	8.84	25.13	33.97
S_2	Solarização do solo com polietileno transparente	9.91	29.91	39.82
S_3	Controlo (sem solarização)	6.79	20.60	27.39
	S.Em±	0.33	1.41	1.53
	C. D.a 5%	1.28	5.55	6.02
(B)	**Tratamentos das subparcelas - Medidas de gestão das infestantes**			
W_1	Aplicação pré-emergência de oxadiargil 80% WP @ 100 g ha)$^{-1}$	9.03	26.41	35.44
W_2	Aplicação pós-emergência de quizalofope etilo 10 % CE a 45 g ha)$^{-1}$	8.36	25.44	33.80
W_3	Controlo sem ervas daninhas (20 e 40 DAS)	9.74	28.66	38.40
W_4	Controlo de infestantes	7.00	20.14	27.14
	S.Em±	0.60	1.31	1.71
	C. D.a 5%	NS	4.52	5.92
(C)	**Efeito de interação**			
	S.Em±	1.09	3.51	4.11
	C. D.a 5%	3.35	10.81	12.65
	Média geral	8.14	21.93	33.60

Efeito das medidas de gestão das infestantes

Os dados apresentados no quadro 29 revelam que a absorção de potássio nas sementes, na palha e a absorção total (kg ha^{-1}) pela mostarda foram significativamente influenciadas por diferentes medidas de gestão das infestantes. A absorção de potássio nas sementes, na palha e no total (kg ha) pela mostarda foi significativamente maior, palha e total (kg ha^{-1}) foram observados no tratamento de controlo sem ervas daninhas (20 e 40 DAS) (W_3), exceto nos tratamentos de aplicação pré-emergência de oxadiargil 80% WP @ 100 g ha^{-1} (W_1) e aplicação pós-emergência de quizalofop-ethyl 10 % EC @ 45 g ha^{-1} (W_2), que foram encontrados a par com o controlo sem ervas daninhas (20 e 40 DAS) (W_3) e superiores ao controlo com ervas daninhas (W_4). Na palha, observou-se um valor significativamente mais elevado de absorção de potássio (kg ha^{-1}) no controlo sem ervas daninhas (20 e 40 DAS) (W_3) seguido do tratamento de aplicação pré-emergência de oxadiargil 80% WP @ 100 g ha^{-1} (W_1).

Efeito de interação

O efeito da interação entre a solarização do solo e as medidas de gestão das infestantes foi significativo no que diz respeito à absorção média de potássio pelas sementes, palha e absorção total (kg ha^{-1}) pela mostarda.

Os dados apresentados no quadro 30 revelam que, no tratamento (S W_{23}), a solarização do solo com polietileno transparente combinada com controlo sem ervas daninhas (20 e 40 DAS) registou uma absorção de potássio em grão (kg ha^{-1}) significativamente mais elevada do que no resto das combinações de tratamento, exceto nas combinações de tratamento S W_{11} , S W , S W , S_{121314} , WS W , S_{2122} We S W_{24} sobre o resto das combinações de tratamento.

A combinação de tratamento S W_{23} registou um valor significativamente mais elevado de absorção de potássio pela palha (kg ha^{-1}), seguida das combinações de tratamento S W_{11} , S W , S W , S_{121321} , WS W_{22} , S W_{24} e S W_{31} em relação às restantes combinações de tratamento.

A solarização do solo com polietileno transparente combinada com um controlo sem ervas daninhas (20 e 40 DAS) (S W_{23}) registou uma absorção total de potássio significativamente mais elevada (kg ha^{-1}), seguida das combinações de tratamento S W_{11} , S W_{12} , S W , S_{1321} , WS W_{22} e S W_{24} em relação às restantes combinações de tratamento.

Tabela 30: Efeito da interação entre a solarização do solo e as medidas de gestão de infestantes na absorção de potássio pela semente de mostarda, palha e total, influenciada por diferentes tratamentos.

Tratamentos	W_1	W_2	W_3	W_4
Absorção de K pelas sementes (kg ha) $^{-1}$				
S_1	8.67	9.42	9.69	8.06
S_2	10.64	9.29	10.67	8.15
S_3	7.30	7.14	6.65	3.56
Absorção de K pela palha (kg ha) $^{-1}$				
S_1	26.62	26.86	29.62	18.29
S_2	29.84	28.46	33.02	27.96
S_3	23.28	21.19	24.19	14.59
Absorção total de K (kg ha)$^{-1}$				
S_1	35.30	36.28	39.30	26.35
S_2	40.48	37.75	43.68	36.11
S_3	30.58	28.32	30.84	18.15
Absorção de K pelas sementes (kg ha) $^{-1}$		**Absorção de K pela palha (kg ha) $^{-1}$**		**Absorção total de K (kg ha)$^{-1}$**
S.Em±	1.09	3.51		4.11
C. D.a 5%	3.35	10.81		12.65

4.6.4 Teor e absorção de nutrientes pelas infestantes

4.6.4.1 Teor médio de azoto nas ervas daninhas (%)

Os dados relativos ao teor de azoto (%) nas ervas daninhas afectados por diferentes tratamentos de solarização do solo e medidas de gestão das ervas daninhas são apresentados no Quadro 31. O valor médio do teor de azoto nas ervas daninhas foi de 0,85 %.

Tabela 31: Teor de nitrogénio, fósforo e potássio nas ervas daninhas aos 60 DAS, influenciado pelos diferentes tratamentos.

Tratamentos		N conteúdo (%)	P conteúdo (%)	K conteúdo (%)
(A)	**tratamento da parcela principal - Solarização (30 dias)**			
S_1	Solarização do solo com polietileno preto	0.84	0.25	0.44
S_2	Solarização do solo com polietileno transparente	0.81	0.21	0.41
S_3	Controlo (sem solarização)	0.90	0.29	0.50
	S.Em±	0.01	0.01	0.01
	C. D.a 5%	0.04	0.03	0.04
(B)	**Tratamentos das subparcelas - Medidas de gestão das infestantes**			
W_1	Aplicação pré-emergência de oxadiargil 80% WP @ 100 g ha^{-1}	0.83	0.23	0.43
W_2	Aplicação pós-emergência de quizalofope etílico 10 % CE @ 45 g ha^{-1}	0.85	0.25	0.45
W_3	Controlo sem ervas daninhas (20 e 40 DAS)	0.81	0.22	0.42
W_4	Controlo de infestantes	0.91	0.30	0.50
	S.Em±	0.01	0.01	0.01
	C. D.a 5%	0.04	0.04	0.04
(C)	**Efeito de interação**			
	S.Em±	0.05	0.04	0.05

	C. D.a 5%	NS	NS	NS
	Média geral	0.85	0.25	0.45

Efeito da solarização do solo

A análise dos dados apresentados no Quadro 31 indica que o teor de azoto (%) nas ervas daninhas foi significativamente influenciado pelos diferentes tratamentos de solarização do solo. Foi observado um teor de azoto (%) significativamente mais elevado no controlo (sem solarização) (S_3), seguido do tratamento de solarização do solo com polietileno preto (S_1) e do tratamento de solarização do solo com polietileno transparente (S_2), por ordem decrescente.

Efeito das medidas de gestão das infestantes

Os dados apresentados no Quadro 31 revelaram que o teor médio de azoto (%) nas ervas daninhas foi significativamente influenciado pelas medidas de gestão das ervas daninhas. O valor significativamente mais baixo do teor de azoto foi registado no tratamento de controlo sem ervas daninhas (20 e 40 DAS) (W_3). O valor mais elevado do teor de azoto (%) foi registado no tratamento de controlo de infestantes (W_4).

Efeito de interação

O efeito de interação entre a solarização do solo e as medidas de gestão das ervas daninhas não teve um efeito significativo no teor médio de azoto (%) nas ervas daninhas.

4.6.4.2 Teor médio de fósforo nas infestantes

Os dados relativos ao teor médio de fósforo (%) nas ervas daninhas, afetado pelos diferentes tratamentos, são apresentados no Quadro 31. O valor médio do teor de fósforo (%) nas ervas daninhas foi de 0,25 %.

Efeito da solarização do solo

Os dados apresentados na Tabela 31 indicam que o teor de fósforo (%) nas ervas daninhas foi significativamente influenciado pelos diferentes tratamentos de solarização do solo. Foi observado um teor de fósforo significativamente mais elevado (%) no controlo (sem solarização) (S_3) > solarização do solo com polietileno preto (S_1) > solarização do solo com polietileno transparente (S_2) durante o período de investigação.

Efeito das medidas de gestão das infestantes

Os dados apresentados no Quadro 31 mostram que o teor médio de fósforo (%) nas ervas daninhas foi significativamente influenciado pelas diferentes medidas de gestão das ervas daninhas. Foi registado um valor significativamente mais baixo de teor de fósforo (%) no tratamento de controlo sem ervas daninhas (20 e 40 DAS) (W_3). Enquanto entre os tratamentos químicos, a aplicação pré-emergente de oxadiargil 80% WP @ 100 g ha^{-1} (W_1) e a aplicação pós-emergente de quizalofop-ethyl 10 % EC @ 45 g ha^{-1} (W_2) foram encontradas a par com o controlo sem ervas daninhas (20 e 40 DAS). Foi registado um valor mais elevado de teor de fósforo (%) no tratamento de controlo de infestantes (W_4).

Efeito de interação

O efeito de interação devido à solarização do solo e às medidas de gestão das ervas daninhas não foi significativo no que diz respeito ao teor médio de fósforo (%) nas ervas daninhas.

4.6.4.3 Teor médio de potássio nas infestantes

O teor médio de potássio (%) nas ervas daninhas, influenciado pelos diferentes tratamentos, é apresentado na Tabela 31. O valor médio do teor de potássio (%) nas ervas daninhas foi de 0,45 %.

Efeito da solarização do solo

A leitura dos dados apresentados na Tabela 31 revelou que o teor de potássio (%) nas ervas daninhas foi significativamente influenciado pelos tratamentos de solarização do solo durante o período de investigação. Observou-se um teor de potássio significativamente mais elevado (%) no controlo (sem solarização) (S_3) > solarização do solo com polietileno preto (S_1) > solarização do solo com polietileno transparente (S_2).

Efeito das medidas de gestão das infestantes

Os dados apresentados no Quadro 31 indicam que o teor médio de potássio (%) nas ervas daninhas foi significativamente influenciado pelas medidas de gestão das ervas daninhas. Foi registado um valor significativamente mais baixo de teor de potássio (%) no tratamento de controlo sem ervas daninhas (20 e 40 DAS) (W_3). Enquanto entre os tratamentos químicos, a aplicação pré-emergente de oxadiargil 80% WP @ 100 g ha^{-1} (W_1) e a aplicação pós-emergente de quizalofop-ethyl 10 % EC @ 45 g ha^{-1} (W_2) foram encontradas a par com o controlo sem ervas daninhas (20 e 40 DAS). Foi registado um valor mais elevado de teor de potássio (%) no tratamento de controlo de infestantes (W_4).

Efeito de interação

O efeito da interação entre a solarização do solo e as medidas de gestão das infestantes não foi significativo no que diz respeito ao teor médio de potássio (%) nas infestantes.

4.6.5 Estudos de absorção de nutrientes

4.6.5.1 Absorção média de azoto pelas infestantes (kg ha)$^{-1}$

Os dados relativos ao efeito das diferentes medidas de solarização do solo e de gestão das infestantes na absorção de azoto (kg ha^{-1}) pelas infestantes são apresentados no Quadro 32. O valor médio da absorção de azoto pelas infestantes foi de 0,26 kg ha^{-1}, respetivamente.

Efeito da solarização do solo

Os dados apresentados no Quadro 32 revelam que a absorção média de azoto (kg ha^{-1}) pelas ervas daninhas foi significativamente influenciada pelos diferentes tratamentos de solarização do solo. Entre os diferentes tratamentos, o tratamento de controlo (sem solarização) (S_3) registou uma absorção significativamente mais elevada de azoto (kg ha^{-1}) pelas ervas daninhas, seguido do tratamento de solarização do solo com polietileno preto (S_1) e da solarização do solo com polietileno transparente (S_2), por ordem decrescente.

Efeito das medidas de gestão das infestantes

A partir da análise dos dados apresentados no Quadro 32, observou-se que a absorção média de azoto (kg ha^{-1}) pelas infestantes foi significativamente influenciada pelas diferentes medidas de gestão das infestantes. A absorção de azoto (kg ha^{-1}) pelas ervas daninhas foi significativamente mais elevada no tratamento de controlo das ervas daninhas (W_4) do que nas restantes medidas de gestão das ervas daninhas, enquanto o tratamento de controlo sem ervas daninhas (20 e 40 DAS) (W_3) registou um valor significativamente mais baixo de absorção de azoto (kg ha^{-1}) pelas ervas daninhas durante o ano de estudo.

Efeito de interação

O efeito de interação entre a solarização do solo e as medidas de gestão das infestantes foi significativo no que diz respeito à absorção média de azoto (kg ha^{-1}) pelas infestantes.

Os dados apresentados no Quadro 33 indicam que o tratamento de controlo (sem solarização) combinado com o controlo de ervas daninhas (S W_{34}) registou um valor significativamente mais elevado de absorção de azoto (kg ha^{-1})

pelas ervas daninhas, enquanto que as combinações de tratamento, ou seja, S W_{14} , S W_{24} e S W_{32} estavam a par com S W_{34} em relação ao resto das combinações de tratamento durante o período de investigação.

4.6.5.2 Absorção média de fósforo pelas infestantes

Os dados relativos ao efeito das diferentes medidas de solarização do solo e de gestão das infestantes na absorção de fósforo (kg ha^{-1}) pelas infestantes são apresentados no Quadro 32. O valor médio de absorção de fósforo pelas ervas daninhas foi de 0,08 kg ha^{-1} , respetivamente.

Efeito da solarização do solo

A análise dos dados apresentados na Tabela 32 indicou que a absorção média de fósforo (kg ha^{-1}) pelas ervas daninhas foi significativamente influenciada pelos diferentes tratamentos de solarização do solo. Entre os diferentes tratamentos, o tratamento de controlo (sem solarização) (S_3) registou uma absorção significativamente mais elevada de fósforo (kg ha^{-1}) pelas ervas daninhas, seguido do tratamento de solarização do solo com polietileno preto (S_1) e da solarização do solo com polietileno transparente (S_2).

Tabela 32: Absorção de nitrogénio, fósforo e potássio pelas ervas daninhas aos 60 DAS, influenciada pelos diferentes tratamentos.

Tratamentos		N absorção (kg ha^{-1})	P absorção (kg ha^{-1})	K absorção (kg ha^{-1})
(A)	**tratamento da parcela principal - Solarização (30 dias)**			
S_1	Solarização do solo com polietileno preto	0.25	0.08	0.13
S_2	Solarização do solo com polietileno transparente	0.23	0.06	0.12

S_3	Controlo (sem solarização)	0.30	0.10	0.16
	S.Em±	0.01	0.00	0.01
	C. D.a 5%	0.03	0.02	0.02
(B)	**Tratamentos das subparcelas - Medidas de gestão das infestantes**			
W_1	Aplicação pré-emergência de oxadiargil 80% WP @ 100 g ha^{-1}	0.20	0.06	0.10
W_2	Aplicação pós-emergência de quizalofope etílico 10 % CE @ 45 g ha^{-1}	0.26	0.08	0.14
W_3	Controlo sem ervas daninhas (20 e 40 DAS)	0.14	0.04	0.07
W_4	Controlo de infestantes	0.44	0.15	0.25
	S.Em±	0.02	0.00	0.01
	C. D.a 5%	0.06	0.02	0.03
(C)	**Efeito de interação**			
	S.Em±	0.05	0.02	0.03
	C. D.a 5%	0.16	0.06	0.09
	Média geral	0.26	0.08	0.14

Efeito das medidas de gestão das infestantes

Os dados apresentados no Quadro 32 mostram que a absorção média de fósforo (kg ha^{-1}) pelas infestantes foi significativamente influenciada pelas diferentes medidas de gestão das infestantes. A absorção de fósforo (kg ha^{-1}) pelas ervas daninhas foi significativamente mais elevada no tratamento com controlo de ervas daninhas (W_4) do que no resto das medidas de gestão de ervas daninhas, enquanto o tratamento sem controlo de ervas daninhas (20 e 40 DAS) (W_3) registou um valor significativamente mais baixo de absorção de fósforo (kg ha^{-1}) pelas ervas daninhas. Entre os tratamentos químicos, a aplicação pré-emergente de oxadiargil 80% WP @ 100 g ha^{-1} (W_1) e a aplicação pós-emergente de quizalofop-ethyl 10 % EC @ 45 g ha^{-1} (W_2) foram encontradas a par com o controlo sem ervas daninhas (20 e 40 DAS).

Efeito de interação

O efeito de interação entre a solarização do solo e as medidas de gestão das infestantes foi significativo no que diz respeito à absorção média de fósforo (kg ha^{-1}) pelas infestantes.

Os dados apresentados no Quadro 33 indicam que o tratamento de controlo (sem solarização) combinado com o controlo de infestantes (S W_{34}) registou um valor significativamente mais elevado de absorção de fósforo (kg ha^{-1}) pelas infestantes e foi superior ao resto das combinações de tratamento durante o período de investigação.

4.6.5.3 Absorção média de potássio pelas infestantes

A absorção de potássio (kg ha^{-1}) pelas ervas daninhas, afetada pelos vários tratamentos, é apresentada no quadro 32. O valor médio da absorção de potássio pelas ervas daninhas foi de 0,14 kg ha^{-1} , respetivamente.

Efeito da solarização do solo

Os dados apresentados na tabela 32 revelaram que a absorção média de potássio (kg ha^{-1}) pelas ervas daninhas foi significativamente influenciada pelos tratamentos de solarização do solo. Entre os diferentes tratamentos, o tratamento de controlo (sem solarização) (S_3) registou uma absorção significativamente maior de potássio (kg ha^{-1}) pelas ervas daninhas, seguido pelos tratamentos de solarização do solo com polietileno preto (S_1) e de solarização do solo com polietileno transparente (S_2), por ordem decrescente.

Tabela 33: Efeito da interação entre a solarização do solo e as medidas de gestão das infestantes na absorção de azoto, fósforo e potássio pelas infestantes, influenciada pelos diferentes tratamentos.

Tratamentos	W_1	W_2	W_3	W_4
Absorção de azoto (kg ha) $^{-1}$				
S_1	0.20	0.21	0.15	0.43
S_2	0.18	0.24	0.11	0.41
S_3	0.22	0.32	0.16	0.48
Absorção de P (kg ha) $^{-1}$				
S_1	0.05	0.06	0.03	0.12
S_2	0.06	0.10	0.05	0.18
S_3	0.17	0.23	0.12	0.44
Absorção de K (kg ha)$^{-1}$				
S_1	0.10	0.11	0.08	0.24
S_2	0.09	0.12	0.05	0.22
S_3	0.12	0.18	0.09	0.28
Absorção de N pelas infestantes (kg ha)$^{-1}$		Absorção de P pelas infestantes (kg ha)$^{-1}$		Absorção de K pelas infestantes (kg ha)$^{-1}$
S.Em±	0.05	0.02		0.03
C. D.a 5%	0.16	0.06		0.09

Efeito das medidas de gestão das infestantes

Os dados apresentados no quadro 32 indicam que a absorção média de potássio (kg ha^{-1}) pelas infestantes foi significativamente influenciada pelas diferentes medidas de gestão das infestantes. A absorção significativamente maior de potássio (kg ha^{-1}) pelas ervas daninhas foi registada pelo tratamento de controlo de ervas daninhas (W_4) em relação às restantes medidas de gestão de ervas daninhas. Entre os tratamentos químicos, a aplicação pré-emergente de oxadiargyl 80% WP @ 100 g ha^{-1} (W_1) e a aplicação pós-emergente de quizalofop-ethyl 10 % EC @ 45 g ha^{-1} (W_2) foram encontradas a par com o controlo sem ervas daninhas (20 e 40 DAS). O tratamento de controlo sem ervas daninhas (20 e 40 DAS) (W_3) registou um valor significativamente mais baixo de absorção de potássio pelas ervas daninhas.

Efeito de interação

O efeito da interação entre a solarização do solo e as medidas de gestão das infestantes foi significativo no que diz respeito à absorção média de potássio (kg ha^{-1}) pelas infestantes.

Os dados apresentados no Quadro 33 indicam que o tratamento de controlo (sem solarização) combinado com o controlo de infestantes (S W_{34}) registou um valor significativamente mais elevado de absorção de potássio (kg ha^{-1}) pelas infestantes e que se verificou estar ao mesmo nível que as combinações de tratamento, ou seja, S W_{14} e S W_{24} sobre o resto das combinações de tratamento durante o período de investigação.

4.7 Estado dos nutrientes disponíveis no solo após a colheita

4.7.1 Azoto, fósforo e potássio disponíveis (kg ha)$^{-1}$

Os dados relativos à média de azoto, fósforo e potássio disponíveis (kg ha^{-1}) no solo após a colheita da mostarda, influenciados pelos diferentes tratamentos, são apresentados no Quadro 34. O valor médio de azoto, fósforo e potássio disponíveis no solo (kg ha^{-1}) após a colheita da cultura experimental foi de 297,76, 12,65 e 312,40 kg ha^{-1} , respetivamente.

Efeito da solarização do solo

Os dados apresentados na Tabela 34 implicam que o estado do azoto, fósforo e potássio disponíveis (kg ha^{-1}) após a colheita da cultura foi significativamente diferente nos diferentes tratamentos de solarização do solo. Observou-se um valor significativamente mais elevado de azoto disponível, fósforo e potássio (kg ha^{-1}) no tratamento de controlo (sem solarização) (S_3

) após a colheita, em relação aos restantes tratamentos de solarização do solo.

Tabela 34: Azoto, fósforo e potássio disponíveis após a colheita da mostarda, influenciados pelos diferentes tratamentos.

	Tratamentos	Disponível N (kg ha)-1	Disponível P O25 (kg ha)-1	Disponível K O2 (kg ha)-1
(A)	**tratamento da parcela principal - Solarização (30 dias)**			
S_1	Solarização do solo com polietileno preto	297.66	12.53	312.21
S_2	Solarização do solo com polietileno transparente	286.53	12.17	303.52
S_3	Controlo (sem solarização)	309.10	13.24	321.49
	S.Em±	1.96	0.12	3.25
	C. D.a 5%	7.69	0.48	12.77
(B)	**Tratamentos das subparcelas - Medidas de gestão das infestantes**			
W_1	Aplicação pré-emergência de oxadiargil 80% WP @ 100 g ha^{-1}	295.54	12.32	310.78
W_2	Aplicação pós-emergência de quizalofope etílico 10 % CE a 45 g ha^{-1}	300.25	12.87	320.31
W_3	Controlo sem ervas daninhas (20 e 40 DAS)	281.52	12.08	292.24
W_4	Controlo de infestantes	313.73	13.31	326.28
	S.Em±	3.18	0.13	4.32
	C. D.a 5%	11.00	0.44	14.95
(C)	**Efeito de interação**			
	S.Em±	23.15	0.37	15.95
	C. D.a 5%	NS	1.13	NS
	Média geral	297.76	12.65	312.40

Efeito das medidas de gestão das infestantes

A disponibilidade de azoto, fósforo e potássio (kg ha^{-1}) após a colheita da cultura foi significativamente diferente consoante as diferentes medidas de gestão das ervas daninhas durante o período de experimentação. O valor significativamente mais elevado de azoto, fósforo e potássio disponíveis (kg ha^{-1}) foi registado no tratamento de controlo de infestantes (W_4). Enquanto que o valor significativamente mais baixo de azoto disponível, fósforo e potássio (kg ha^{-1}) foi registado no tratamento de controlo sem ervas daninhas (20 e 40 DAS) (W_3) sobre o resto das medidas de gestão de ervas daninhas sob investigação.

Efeito de interação

O efeito de interação devido à solarização do solo e às medidas de gestão das ervas daninhas não apresentou qualquer diferença significativa na disponibilidade de azoto e potássio (kg ha^{-1}). Mas, no caso do fósforo disponível, foi observado um efeito significativo durante o estudo

Tabela 35: Efeito da interação entre a solarização do solo e as medidas de gestão das infestantes no fósforo disponível após a colheita da mostarda, influenciado pelos diferentes tratamentos.

Tratamentos	W_1	W_2	W_3	W_4
P disponível O_{25} (kg ha $)^{-1}$				
S_1	12.00	12.97	11.83	13.30
S_2	11.96	12.07	11.67	13.00
S_3	13.00	13.57	12.75	13.63
S.Em±	0.37			
C. D.a 5%	1.13			

Os dados apresentados no Quadro 35 mostram que o fósforo disponível (kg ha^{-1}) foi significativamente mais elevado no tratamento de controlo (sem solarização) combinado com o controlo de infestantes (S W_{34}), seguido das combinações de tratamento S W_{12} , S W_{14} , S W , S_{2431} , WS W_{32} e S W_{33} .

4.7.2 pH do solo, condutividade eléctrica e carbono orgânico do solo após a colheita

Os dados relativos ao pH médio do solo, à condutividade eléctrica e ao carbono orgânico no solo após a colheita da mostarda, influenciados pelos diferentes tratamentos, são apresentados no Quadro 36.

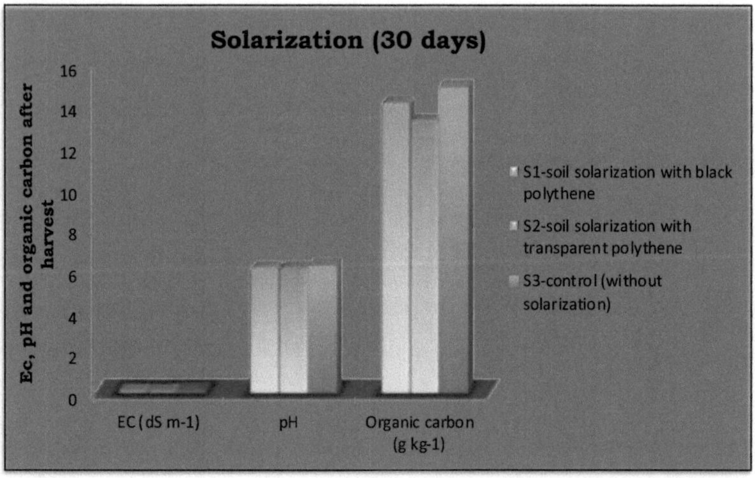

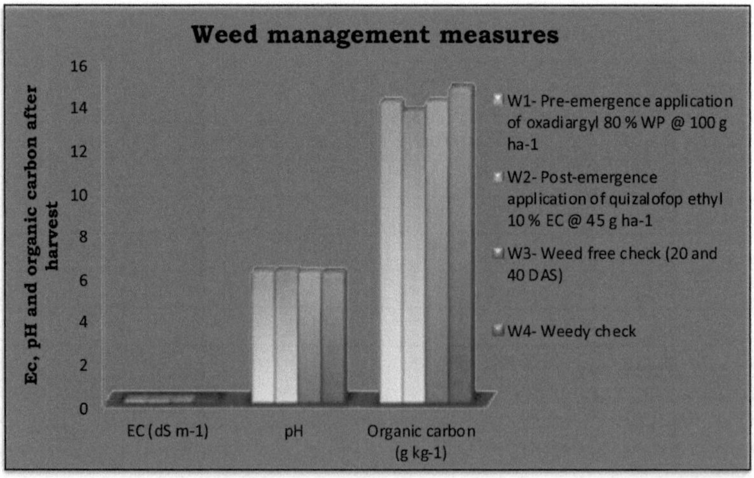

Fig. 20: Ec, pH e carbono orgânico após a colheita da mostarda sob a influência de diferentes tratamentos

Tabela 36: CE, pH e carbono orgânico após a colheita da mostarda, influenciados por diferentes tratamentos.

	Tratamentos	EC (dSm^{-1})	pH	Orgânico carbono (g kg)$^{-1}$
(A)	**tratamento da parcela principal - Solarização (30 dias)**			
S_1	Solarização do solo com polietileno preto	0.12	6.09	14.08
S_2	Solarização do solo com polietileno transparente	0.12	6.07	13.25
S_3	Controlo (sem solarização)	0.13	6.16	14.83
	S.Em±	0.00	0.04	0.36
	C. D.a 5%	NS	NS	NS
(B)	**Tratamentos das subparcelas - Medidas de gestão das infestantes**			
W_1	Aplicação pré-emergência de oxadiargil 80% WP @ 100 g ha^{-1}	0.13	6.13	14.00
W_2	Aplicação pós-emergência de quizalofope etílico 10 % CE a 45 g ha^{-1}	0.13	6.15	13.56
W_3	Controlo sem ervas daninhas (20 e 40 DAS)	0.13	6.08	14.00
W_4	Controlo de infestantes	0.12	6.07	14.67
	S.Em±	0.00	0.07	0.33
	C. D.a 5%	NS	NS	NS
(C)	**Efeito de interação**			
	S.Em±	0.01	0.19	1.05
	C. D.a 5%	NS	NS	NS
	Média geral	0.03	6.11	3.25

Efeito da solarização do solo

Os dados apresentados no Quadro 36 revelam que o pH do solo, a condutividade eléctrica e o carbono orgânico não diferiram significativamente devido aos diferentes tratamentos de solarização do solo. O pH, a condutividade eléctrica e o carbono orgânico do solo foram numericamente mais elevados no tratamento de controlo (sem solarização) (S_3), seguido dos tratamentos de solarização do solo com polietileno preto (S_1) e de solarização do solo com polietileno transparente (S_2), por ordem decrescente.

Efeito das medidas de gestão das infestantes

Os dados apresentados no quadro 36 revelaram que o pH do solo, a condutividade eléctrica e o carbono orgânico não diferiram significativamente devido aos diferentes tratamentos de gestão das infestantes.

Efeito de interação

O efeito de interação entre a solarização do solo e as medidas de gestão das infestantes não teve um efeito significativo no pH do solo, na condutividade eléctrica e no carbono orgânico do solo após a colheita.

4.8 Economia dos tratamentos

Os dados económicos relativos ao custo de cultivo, ao rendimento bruto e ao rendimento líquido sob vários tratamentos são apresentados no quadro 37.

4.8.1 Custo de cultivo (Rs ha)$^{-1}$

Os dados apresentados no Quadro 37 revelam que o custo de cultivo da mostarda foi afetado pelos diferentes tratamentos. O custo médio de cultivo foi de 47336,31 Rs ha^{-1} .

Efeito da solarização do solo

A partir dos dados apresentados no Quadro 37, foi revelado que o custo de cultivo mais elevado foi associado ao tratamento de solarização do solo com polietileno transparente (S_2) em relação ao tratamento de controlo (sem solarização) (S_3) e foi igual ao tratamento de solarização do solo com polietileno preto (S).1

Efeito das medidas de gestão das infestantes

A partir da análise dos dados apresentados no Quadro 37, verificou-se que o tratamento sem ervas daninhas (20 e 40 DAS) (W_3) registou maiores

Tabela 37: Efeito da solarização do solo e das medidas de gestão das infestantes no custo de cultivo, nos rendimentos brutos e nos rendimentos líquidos da mostarda.

Tratamentos		Custo de cultivo (Rs ha)-1	Rendimentos brutos (Rs ha)-1	Rendimento líquido (Rs ha)-1	Rácio B:C
(A)	**tratamento da parcela principal - Solarização (30 dias)**				
S_1	Solarização do solo com polietileno preto	55164.00	57578.37	2414.37	1.04
S_2	Solarização do solo com polietileno transparente	56069.50	62323.23	6253.73	1.11
S_3	Controlo (sem solarização)	30775.42	46158.68	15383.26	1.50
	S.Em±	-	-	-	-
	C. D.a 5%	-	-	-	-
(B)	**Tratamentos das subparcelas - Medidas de gestão das infestantes**				
W_1	Aplicação pré-emergência de	47641.78	56909.73	9267.96	1.25

	oxadiargil 80% WP @ 100 g ha^{-1}				
W_2	Aplicação pós-emergência de quizalofope etílico 10 % CE a 45 g ha^{-1}	47341.33	54712.90	7371.56	1.21
W_3	Controlo sem ervas daninhas (20 e 40 DAS)	48212.33	60624.90	12412.57	1.30
W_4	Controlo de infestantes	46149.78	49166.16	3016.39	1.11
	S.Em±	-	-	-	-
	C. D.a 5%	-	-	-	-
(C)	**Efeito de interação**				
	S.Em±	-	-	-	-
	C. D.a 5%	-	-	-	-
	Média geral	47336.31	55353.42	8017.12	1.22

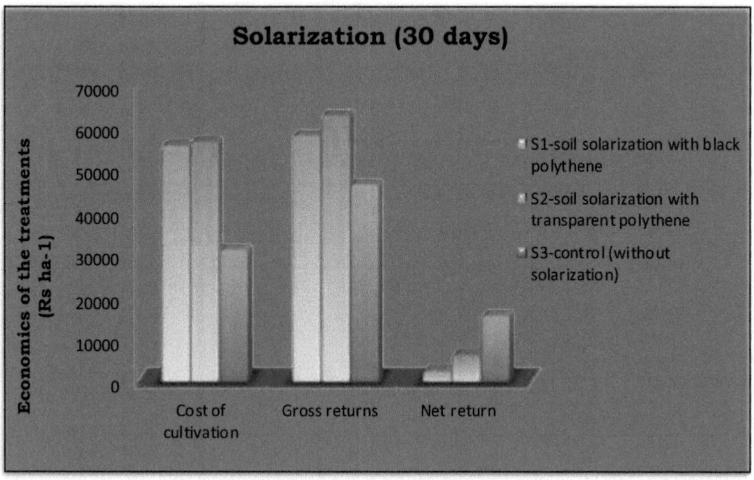

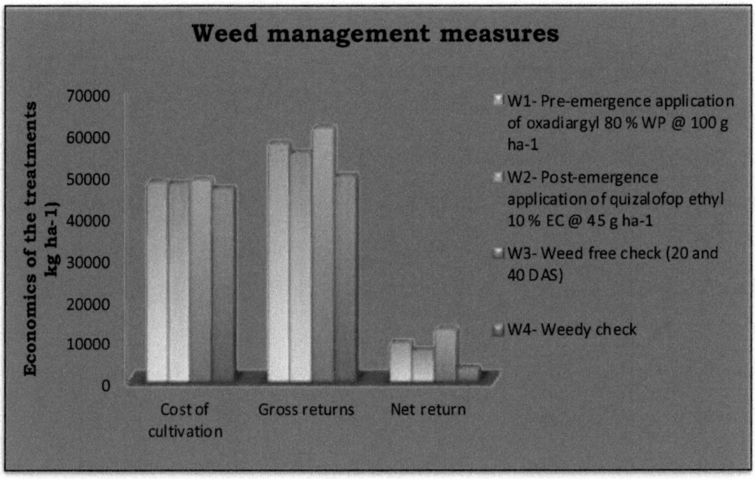

Fig. 21: Custo de cultivo, rendimentos brutos e rendimentos líquidos da mostarda influenciados por diferentes tratamentos

custo do cultivo em relação às restantes medidas de gestão das infestantes em estudo.

4.8.2 Rendimentos monetários brutos (Rs ha)$^{-1}$

Os dados apresentados na Tabela 37 revelaram que o custo de cultivo da mostarda foi afetado devido aos diferentes tratamentos de solarização do solo e medidas de gestão de ervas daninhas. O retorno monetário bruto médio foi de 55353,42 Rs ha^{-1} .

Efeito da solarização do solo

Os dados apresentados no quadro 37 revelam que o tratamento de solarização do solo com polietileno transparente (S_2) teve um rendimento monetário bruto mais elevado do que o tratamento de controlo (sem solarização) (S_3) e foi equivalente ao tratamento de solarização do solo com polietileno preto (S).$_1$

Efeito das medidas de gestão das infestantes

A partir da análise dos dados apresentados no Quadro 37, verificou-se que o tratamento de controlo sem ervas daninhas (20 e 40 DAS) (W_3) apresentou um custo de cultivo mais elevado em relação às restantes medidas de gestão das ervas daninhas, exceto a aplicação pré-emergência de oxadiargil 80% WP @ 100 g ha^{-1} (W_1) e a aplicação pós-emergência de quizalofop-ethyl 10 % EC @ 45 g ha^{-1} (W_2), que foram consideradas iguais às do controlo sem ervas daninhas (20 e 40 DAS) em relação ao controlo com ervas daninhas (W).4

4.8.3 Rendimentos monetários líquidos (Rs ha)$^{-1}$

Os dados apresentados no Quadro 37 revelam que os rendimentos monetários líquidos da mostarda foram afectados pelos diferentes tratamentos de solarização do solo e pelas medidas de gestão das ervas daninhas. O retorno monetário líquido médio foi de 8017,12 Rs ha^{-1} .

Efeito da solarização do solo

Os dados apresentados no quadro 37 mostram claramente que os rendimentos monetários líquidos foram máximos no tratamento de controlo (sem solarização) (S_3), seguido do tratamento de solarização do solo com polietileno transparente (S_2) e da solarização do solo com polietileno preto (S_1), por ordem decrescente.

Efeito das medidas de gestão das infestantes

Os retornos monetários líquidos foram máximos no tratamento de controlo sem ervas daninhas (W_3), seguido pelo tratamento de aplicação pré-emergente de oxadiargil 80% WP @ 100 g ha^{-1} (W_1), aplicação pós-emergente de quizalofop-ethyl 10 % EC @ 45 g ha^{-1} (W_2) e controlo de ervas daninhas (W_4) por ordem decrescente.

4.8.4 Economia das combinações de tratamento

A economia das combinações de tratamento no que diz respeito ao custo de cultivo, rendimentos monetários brutos, rendimentos monetários líquidos e rácio B: C da mostarda foram calculados e apresentados no quadro 38.

Os dados apresentados na Tabela 38 indicam que o maior custo de cultivo foi registado sob as combinações de tratamento (S W_{23}) solarização do solo com polietileno transparente combinado com controlo sem ervas daninhas (20 e 40 DAS). O custo mais baixo envolveu o tratamento de controlo (sem solarização) combinado com controlo de infestantes (S W_{34}).

Os maiores retornos monetários brutos foram obtidos pela combinação de tratamentos S W_{23} i.e. solarização do solo com polietileno transparente combinada com controlo sem ervas daninhas (20 e 40 DAS). O retorno monetário bruto mais baixo foi obtido pelo tratamento de controlo (sem solarização) combinado com controlo de ervas daninhas (S W_{34}).

Os dados apresentados no Quadro 38 revelaram que, o maior retorno líquido foi obtido no tratamento de controlo (sem solarização) combinado com o controlo sem ervas daninhas (20 e 40 DAS).

Quadro 38: Economia das combinações de tratamento da mostarda

Tratamento	Custo de cultivo (Rs ha $)^{-1}$	Rendimentos brutos (Rs ha $)^{-1}$	Rendimento líquido (Rs ha $)^{-1}$	Rácio B : C
S W_{11}	55247.67	57344.63	2096.97	1.04
S W_{12}	55188.33	56594.39	1406.06	1.03
S W_{13}	56509.67	65208.62	8698.95	1.15

S W_{14}	53710.33	51165.83	-2544.51	0.95
S W_{21}	56588.00	65387.27	8799.27	1.16
S W_{22}	55849.33	60560.97	4711.63	1.08
S W_{23}	56919.33	67666.93	10747.59	1.19
S W_{24}	54921.33	55677.75	756.42	1.01
S W_{31}	31089.67	47997.30	16907.63	1.54
S W_{32}	30986.33	46983.33	15997.00	1.52
S3W_{3}	31208.00	48999.17	17791.17	1.57
S W_{34}	29817.67	40654.92	10837.25	1.36

Também pode ser visto a partir dos dados apresentados na Tabela 38 que, a maior relação B: C mais elevado (1,57) foi obtido quando a mostarda foi tratada com controlo (sem solarização) combinado com controlo sem ervas daninhas (S W_{33}).

CAPÍTULO V
DISCUSSÃO

O experimento intitulado "Efeito da solarização do solo e práticas de manejo de ervas daninhas no desempenho da mostarda (*Brassica juncea* L.) em solo laterítico de Konkan" foi conduzido na Fazenda Agronômica, Faculdade de Agricultura, Dapoli, Dist. Ratnagiri (MS) durante a temporada *rabi* de 2020-21. Os resultados da experiência apresentados no capítulo anterior foram discutidos e elucidados neste capítulo. Todo o capítulo foi dividido nos seguintes subtítulos.

5.1 Solo, clima e crescimento das culturas

5.2 Efeito dos tratamentos de solarização do solo (30 dias)

5.3 Efeito das medidas de gestão das infestantes

5.4 Efeito de interação entre a solarização do solo e as medidas de gestão das infestantes

5.5 Economia das combinações de tratamento

5.1 Solo, clima e crescimento das culturas

Diferentes ambientes de stress biótico e abiótico impediram a expressão de todo o potencial genético para um melhor rendimento. Depois de a cultura ter sido cultivada, é necessário concentrar-se no solo e nas condições climatéricas. A análise da amostra inicial do solo indicou que o solo da parcela experimental era de textura franco-argilosa arenosa, ligeiramente ácido em termos de pH e com elevado teor de carbono orgânico. Tinha um teor médio de azoto disponível, fósforo disponível e potássio disponível (quadro 1).

As observações meteorológicas durante o período de crescimento da cultura são apresentadas no Quadro 2, que mostra que a temperatura máxima média variou entre 31,2^{0} C e

35,8^{0} C e a temperatura mínima média variou entre 11,2^{0} C e 19,4^{0} C, respetivamente. A humidade relativa média durante o período de cultivo variou de 47 a 96%. As horas de sol variaram entre 4,6 e 9,8 horas por dia^{-1} . A precipitação recebida foi de 24,3 mm, que foi recebida em 4 dias de chuva.

É evidente a partir do estudo da população de plantas que, na fase inicial e na colheita, a população de plantas não foi significativamente influenciada devido à solarização do solo, que foi colocada nos tratamentos da parcela principal, e às medidas de gestão de ervas daninhas, que foram colocadas nos tratamentos das subparcelas. As diferenças registadas nos parâmetros de crescimento, nos caracteres que atribuem rendimento, no rendimento e na absorção de nutrientes relativamente à cultura da mostarda deveram-se aos tratamentos de solarização do solo e às medidas de gestão das ervas daninhas. Durante o período de crescimento da cultura, apenas foram observadas ervas daninhas de folha larga no campo de mostarda. As ervas daninhas mais importantes observadas na parcela de investigação são apresentadas no Quadro 18.

Para estudar o "Efeito da solarização do solo e das práticas de gestão de ervas daninhas no desempenho da mostarda (*Brassica juncea* L.) em solo laterítico de konkan", considerou-se analisar a natureza e os caracteres de crescimento medidos em termos de altura da planta (cm), número de ramos da planta^{-1} e acumulação de matéria seca da planta^{-1} em várias fases de crescimento da cultura. A altura máxima registada foi de 173,97 cm na colheita da cultura da mostarda (Quadro 8), registou-se um maior número de ramos^{-1} 5,20 na colheita (Quadro 10), a acumulação de matéria seca foi máxima aos 90 DAS, ou seja, 18,68 g (Quadro 12), o número total de ervas daninhas m^{-2} e o peso seco total das ervas daninhas m^{-2} foram máximos aos 60 DAS, ou seja, 22,67 (Quadro 19) e 4.88 g (Tabela 21) enquanto que, o valor médio em relação ao maior número de sementes de $siliquae^{-1}$ 12.16 (Tabela 14), comprimento de siliquae 4.16 cm (Tabela 14), número de plantas de $siliquae^{-1}$ 153.13 (Tabela 14), peso de planta de $siliquae^{-1}$ 8.50 g (Tabela 14), peso de planta de $sementes^{-1}$ 9.28 g (Tabela 14) e peso de 1000 sementes 2.79 g (Tabela 14) foram registados na colheita. Todos estes caracteres contribuíram positivamente para o valor médio da produção de sementes e da produção de palha de 9,84 q ha^{-1} e 24,66 q ha^{-1} (Tabela 16), respetivamente. 29,50 kg ha^{-1} , 21,32 kg ha^{-1} , 50,82 kg ha^{-1} foi a absorção média de nitrogênio na semente, palha e total pela mostarda (Tabela 25). A absorção média de fósforo na semente, palha e total foi de 6,56 kg ha^{-1} , 7,73 kg ha^{-1} e 14,29 kg ha^{-1} (Tabela 27). A absorção média de potássio na semente, palha e total pela mostarda foi de 8,14 kg ha^{-1} , 21,93 kg ha^{-1} e 33,60 kg ha^{-1} respetivamente (Tabela 29).

Entre os diferentes tratamentos de solarização do solo, a solarização do solo com polietileno transparente (S_2) registou o maior rendimento de sementes, rendimento de palha e índice de colheita, ou seja, 11,14 q ha^{-1} , 26,47 q ha^{-1} e 29,58 % (Tabela 16). Considerando que, entre as medidas de gestão de ervas daninhas, o tratamento de controlo sem ervas daninhas (20 e 40 DAS) (W_3) registou o máximo rendimento de sementes, rendimento de palha e índice de colheita 10,83 q ha^{-1} , 25,82 q ha^{-1} e 29,40 % (Quadro 16).

5.2 Efeito dos tratamentos de solarização do solo (30 dias)

A população de plantas contada aos 20 DAS e na colheita não diferiu significativamente devido aos diferentes tratamentos de solarização do solo. A partir dos dados apresentados no capítulo anterior, foi revelado que, a influência marcante dos tratamentos de solarização do solo sobre os parâmetros de crescimento da mostarda foi observada durante todo o período de crescimento da cultura. Os parâmetros de crescimento e desenvolvimento da mostarda, *nomeadamente a* altura da planta, o número de ramos da planta^{-1} e a acumulação de matéria seca da planta^{-1} foram significativamente influenciados na mostarda durante o ano de investigação.

Os tratamentos de solarização do solo, *nomeadamente*, a solarização do solo com polietileno preto (S_1), a solarização do solo com polietileno transparente (S_2) e o controlo (sem solarização) (S_3) mostraram o seu efeito variável no crescimento e na produção, atribuindo caracteres à mostarda. Entre os diferentes tratamentos de solarização do solo, o tratamento de solarização do solo com polietileno transparente (S_2) foi mais eficaz do que os restantes tratamentos no que diz respeito a observações de crescimento periódico, caracteres de rendimento e rendimento da mostarda.

A altura da planta foi influenciada significativamente pelos vários tratamentos de solarização do solo. Durante o ano de investigação, a altura máxima da planta foi registada no tratamento de solarização do solo com polietileno transparente (S_2) e foi igual ao tratamento de solarização do solo com polietileno preto (S_1) em todas as fases de crescimento da cultura. A maior densidade de plantas deveu-se à maior percentagem de germinação das sementes, à menor perda de nutrientes e à menor competição com a flora infestante, o que resultou numa maior altura das plantas. Estes resultados corroboram as conclusões de Khalid *et al.* (2006) e Subrahmaniyan *et al.* (2008).

Da mesma forma, o número máximo de ramos da planta^{-1} foi produzido no tratamento de solarização do solo com polietileno transparente (S_2) e foi igual ao tratamento de solarização do solo com polietileno preto (S_1) aos 60, 90 DAS e na colheita. O aumento do número de ramos da planta^{-1} pode ser devido a uma melhor absorção de nutrientes e água. Estes resultados estão de acordo com os resultados registados por Khalid *et al.* (2006) e Subrahmaniyan *et al.* (2008).

A planta com maior acumulação de matéria seca^{-1} foi associada ao tratamento de solarização do solo com polietileno transparente (S_2) seguido do tratamento de solarização do solo com polietileno preto (S_1) aos 30, 60 e 90 DAS, exceto na colheita. Devido a uma melhor absorção de nutrientes e de água, acaba por conduzir a uma maior acumulação de matéria seca na planta^{-1} . Estes resultados corroboram as conclusões de Khalid *et al.* (2006).

O efeito benéfico do tratamento de solarização do solo com polietileno transparente (S_2) no aumento dos parâmetros de crescimento, *nomeadamente*, altura da planta, número de ramos da planta^{-1} e acumulação de matéria seca da planta^{-1} , reflectiu-se, em última análise, no rendimento máximo, atribuindo caracteres, *nomeadamente*, número de sementes de silíquas^{-1} , comprimento das silíquas, número de silíquas da planta^{-1} , peso das silíquas da planta^{-1} , peso das sementes da planta^{-1} e peso de 1000 sementes.

O tratamento de solarização do solo com polietileno preto (S_1) foi considerado igual ao tratamento de solarização do solo com polietileno transparente (S_2) no que diz respeito ao número de sementes de siliquae^{-1} , comprimento de siliquae, número de plantas de siliquae^{-1} , peso de plantas de siliquae^{-1} e peso de plantas de sementes^{-1} , que foi significativamente superior ao controlo (sem solarização) (S_3). No entanto, o peso de 1000 sementes não diferiu significativamente. O tratamento de solarização do solo com polietileno transparente (S_2) registou um rendimento de grãos ha^{-1} significativamente mais elevado do que os restantes tratamentos de solarização do solo, exceto a solarização do solo com polietileno preto (S_1). O aumento dos caracteres que atribuem rendimento pode dever-se a parâmetros máximos de crescimento e desenvolvimento da cultura que, em última análise, resultaram num rendimento máximo de sementes. Os presentes resultados estão de acordo com os resultados relatados por Singh *et al.* (2004).

O tratamento de solarização do solo com polietileno transparente (S_2) foi significativamente superior ao tratamento de controlo (sem solarização) (S_3) e foi igual ao tratamento (S_1) de solarização do solo com polietileno preto. O aumento dos caracteres que atribuem rendimento pode ser devido ao aumento dos caracteres morfológicos, ou *seja*, altura da planta, número de ramos da planta^{-1} e acumulação de matéria seca da planta^{-1} observados no tratamento de solarização do solo com polietileno transparente (S_2). Os presentes resultados estão em consonância com Singh *et al.* (2004) e Khan *et al.* (2012). Assim, ficou claro a partir do resultado que o tratamento de solarização do solo com polietileno transparente (S_2) foi superior e estava a par com o tratamento (S_1) de solarização do solo com polietileno preto para obter maior rendimento de sementes e palha de mostarda.

Os dados das Tabelas 19 e 21 mostram que os diferentes tratamentos de solarização do solo resultaram na redução da densidade de ervas daninhas de folhas largas. O número total de ervas daninhas m^{-2} e a acumulação de matéria seca de ervas daninhas m^{-2} foram significativamente maiores no tratamento de controlo (sem solarização) (S_3) em comparação com outros tratamentos aos 30, 60 DAS e na colheita. Enquanto que o tratamento de solarização do solo com polietileno transparente (S_2) registou o menor número total de ervas daninhas m^{-2} e acumulação de matéria seca de ervas daninhas m^{-2} seguido pela solarização do solo com polietileno preto (S_1). Os tratamentos de solarização do solo foram mais proeminentes na supressão do crescimento de ervas daninhas, principalmente ervas daninhas de folhas largas, o que resultou na redução do número total de ervas daninhas e na acumulação de matéria seca de ervas daninhas em relação às restantes medidas de gestão de ervas daninhas. Resultados semelhantes foram registados por Golzardi *et al.* (2014).

Registou-se um teor mais elevado de N, P e K no grão e na palha de mostarda no tratamento de solarização do solo com polietileno transparente (S_2) em relação ao controlo (sem solarização), mas a par do tratamento de solarização do solo com polietileno preto (S_1). Isto pode dever-se ao facto de que, devido à maior disponibilidade e à menor perda de nutrientes por lixiviação, a cultura absorveu proporcionalmente uma maior quantidade de nutrientes N, P e K, que são favoráveis ao crescimento da planta. O tratamento de solarização do solo com polietileno transparente (S_2) registou uma absorção significativamente mais elevada de N, P e K do que o controlo (sem solarização), mas foi encontrado a par do tratamento de solarização do solo com polietileno preto (S_1). A melhoria significativa dos teores de nutrientes, juntamente com o aumento da produção de sementes e de palha, aumentou a absorção de nutrientes.

Registou-se um maior teor e absorção de N, P e K pelas ervas daninhas no tratamento de controlo (sem solarização) (S_3) em comparação com os outros tratamentos. O tratamento de solarização do solo com polietileno transparente (S_2) registou uma absorção significativamente menor de N, P e K pelas ervas daninhas, seguido do tratamento de solarização do solo com polietileno preto (S_1). Devido à maior absorção de N, P e K pelas ervas daninhas, registou-se uma menor produção de palha e de sementes no tratamento de controlo (sem solarização) (S_3).

O azoto disponível (N), o fósforo disponível (P O_{25}) e o potássio disponível (K_2 O) no solo após a colheita da cultura da mostarda foram significativamente influenciados pelos diferentes tratamentos de solarização do solo. O azoto disponível, o fósforo e o potássio disponíveis no solo após a colheita da mostarda foram significativamente mais elevados no tratamento de controlo (sem solarização) (S_3). Resultados semelhantes foram também registados por Arora *et al.* (1998).

O maior custo de cultivo (56069,50 Rs ha^{-1}) e o maior retorno bruto (62323,23 Rs ha^{-1}) foram registados no tratamento de solarização do solo com polietileno transparente (S_2), enquanto o maior retorno líquido (15383,26 Rs ha^{-1}) e a relação B: C foram registados no tratamento de controlo (sem solarização) (S_3). O aumento do rendimento líquido e da relação B: C no tratamento de controlo (sem solarização) (S_3) deveu-se ao menor custo de cultivo em relação aos outros tratamentos de solarização do solo.

5.3 Efeito das medidas de gestão das infestantes

A população de plantas m^{-2} não foi influenciada significativamente aos 20 DAS e na colheita devido a várias medidas de gestão de ervas daninhas. Por conseguinte, a variação nos caracteres de crescimento e de rendimento da mostarda não se deveu à população de plantas, mas sim às medidas de gestão das infestantes.

A partir dos dados apresentados no capítulo anterior, foi revelado que a influência marcante das medidas de gestão de ervas daninhas nos parâmetros de crescimento da mostarda foi observada durante todo o período de crescimento da cultura. Os parâmetros de crescimento e desenvolvimento da mostarda, *nomeadamente a* altura da planta, o número de ramos da planta^{-1} e a acumulação de matéria seca da planta^{-1} foram significativamente influenciados na mostarda durante o ano de investigação.

A altura máxima da planta, o número de ramos da planta^{-1} e a acumulação de matéria seca da planta^{-1} foram significativamente observados no tratamento de controlo sem ervas daninhas (20 e 40 DAS) (W_3) em relação ao resto das medidas de gestão de ervas daninhas, mas foi igual ao tratamento de aplicação pré-emergência de oxadiargil 80% WP @ 100 g ha^{-1} (W_1) e aplicação pós-emergência de quizalofop-ethyl 10 % EC @ 45 g ha^{-1} (W_2) em todas as fases de crescimento da cultura durante o período de investigação.

É evidente, a partir dos estudos sobre as ervas daninhas, que a monda manual e o controlo químico das ervas daninhas resultaram numa menor competição entre as ervas daninhas e as culturas por luz, espaço, nutrientes e outros recursos de crescimento, o que resultou na obtenção de valores mais elevados de caracteres morfológicos que aumentaram a taxa de fotossíntese da planta, aumentando assim o rendimento. Achados semelhantes foram registados por Akter *et al.* (2016).

O efeito benéfico das medidas de gestão de ervas daninhas

no aumento dos parâmetros de crescimento, *como a* altura da planta, o número de ramos da planta^{-1} e a acumulação de matéria seca da planta^{-1} , reflectiu-se, em última análise, no rendimento máximo, atribuindo caracteres como *o* número de sementes de silíquas^{-1} , o comprimento das silíquas, o número de silíquas da planta^{-1} , o peso das silíquas da planta^{-1} , o peso das sementes da planta^{-1} e o peso de 1000 sementes.

Um olhar sobre a Tabela 14 revelou que, diferentes medidas de gestão de ervas daninhas influenciaram significativamente os caracteres de rendimento. O tratamento de controlo sem ervas daninhas (20 e 40 DAS) (W_3) registou um número significativamente mais elevado de sementes de silíquas^{-1} , comprimento de silíquas, número de plantas de silíquas^{-1} , peso de plantas de silíquas^{-1} e peso de sementes de plantas^{-1} , que foi significativamente superior ao controlo de ervas daninhas (W_4) e foi a par com o tratamento de aplicação pré-emergência de oxadiargil 80% WP @ 100 g ha^{-1} (W_1) e aplicação pós-emergência de quizalofop-ethyl 10 % EC @ 45 g ha^{-1} (W_2) durante o ano de estudo.

Um vislumbre dos dados apresentados na Tabela 16 revelou que, o maior rendimento de grãos, rendimento de palha e índice de colheita foi registrado no tratamento de controle livre de ervas daninhas (20 e 40 DAS) (W_3) seguido por tratamentos de aplicação pré-emergência de oxadiargyl 80% WP @ 100 g ha^{-1} (W_1) e aplicação pós-emergência de quizalofop-ethyl 10 % EC @ 45 g ha^{-1} (W_2) e controle de ervas daninhas (W_4) em ordem decrescente durante o ano de investigação.

O tratamento de controlo sem ervas daninhas (20 e 40 DAS) (W_3) registou um rendimento de grão significativamente mais elevado de 10,83 q ha^{-1} enquanto a aplicação pré-emergência de oxadiargil 80% WP @ 100 g ha^{-1} (W_1) e a aplicação pós-emergência de quizalofop-ethyl 10 % EC @ 45 g ha^{-1} (W_2) foram iguais entre si. Foi registada uma produção de palha significativamente mais elevada e um índice de colheita de 25,82 q ha^{-1} e 29,40 % no controlo sem ervas daninhas (20 e 40 DAS) (W_3) seguido de tratamentos de aplicação pré-emergência de oxadiargil 80% WP @ 100 g ha^{-1} (W_1) e aplicação pós-emergência de quizalofop-ethyl 10 % EC @ 45 g ha^{-1} (W_2) e considerado significativamente superior ao controlo com ervas daninhas (W_4).

A melhoria significativa nos caracteres de crescimento e nos caracteres de atribuição de rendimento resultou no aumento do rendimento de sementes, rendimento de palha e índice de colheita. Os resultados estão em conformidade com os resultados registados por Sharma *et al.* (2002), Tekale *et al.* (2005), Mankar *et al.* (2016) e Bombariya *et al.* (2017).

Os dados das Tabelas 19 e 21 mostram que as medidas de manejo de ervas daninhas resultaram na redução da densidade de ervas daninhas de folhas largas. O número total de ervas daninhas m^{-2} e a acumulação de matéria seca de ervas daninhas m^{-2} foram significativamente maiores no tratamento de controlo de ervas daninhas (W_4) em comparação com outras medidas de gestão de ervas daninhas aos 30, 60 DAS e na colheita. Enquanto o tratamento de controlo sem ervas daninhas (20 e 40 DAS) (W_3) registou o menor número total de ervas daninhas m^{-2} e acumulação de matéria seca de ervas daninhas m^{-2} seguido pelos tratamentos de aplicação pré-emergência de oxadiargil 80% WP @ 100 g ha^{-1} (W_1) e aplicação pós-emergência de quizalofop-ethyl 10 % EC @ 45 g ha^{-1} (W_2). O tratamento sem ervas daninhas (20 e 40 DAS) (W_3) foi mais proeminente na supressão do crescimento de ervas daninhas, principalmente ervas daninhas de folhas largas, o que resultou na redução do número total de ervas daninhas e na acumulação de matéria seca de ervas daninhas em relação ao resto das medidas de gestão de ervas daninhas. Achados semelhantes foram relatados por Kumar *et al.* (2015) e Gupta *et al.* (2017).

Entre as medidas químicas de gestão de infestantes, os tratamentos de aplicação pré-emergência de oxadiargil 80% WP @ 100 g ha^{-1} (W_1) registaram o menor número total de infestantes e acumulação de matéria seca de infestantes, seguidos pelo tratamento de aplicação pós-emergência de quizalofop-ethyl 10 % EC @ 45 g ha^{-1} (W_2). Os tratamentos de aplicação pré-emergência de oxadiargil 80% WP @ 100 g ha^{-1} (W_1) mostram a superioridade na supressão da densidade e do peso seco das ervas daninhas, que foram significativamente inferiores às restantes medidas de gestão de ervas daninhas durante o ano de estudo. Os resultados estão em confirmação com os resultados relatados por Singh *et al.* (2017).

Para avaliar a eficácia dos herbicidas, o índice de infestantes é um parâmetro ideal. Um valor mais elevado do índice de infestantes resultou numa redução do rendimento da cultura devido à presença de uma elevada densidade de infestantes. O tratamento de aplicação pré-emergente de oxadiargyl 80% WP @ 100 g ha^{-1} (W_1) registou um valor mais baixo de índice de infestantes (6,33 %) seguido da aplicação pós-emergente de quizalofop-ethyl 10 % EC @ 45 g ha^{-1} (W_2) com valor de índice de infestantes (10,28 %) enquanto o tratamento de controlo de infestantes (W_4) registou o valor mais alto de índice de infestantes (20,22 %). O tratamento de controlo sem ervas daninhas (20 e 40 DAS) (W_3) registou o maior valor de eficiência de controlo de ervas daninhas de 95,89 %, 83,79 % e 63,99 % aos 30, 60 DAS e na colheita. Estes resultados assemelham-se às conclusões de Kumar *et al.* (2015).

Entre os tratamentos químicos, a maior eficiência de controlo de ervas daninhas foi registada na aplicação pré-emergência de oxadiargil 80% WP @ 100 g ha^{-1} (W_1), ou seja, 44,58 %, 27,17 % e 32,99 %, seguida da aplicação pós-emergência de quizalofop-ethyl 10 % EC @ 45 g ha^{-1} (W_2), com uma eficiência de controlo de ervas daninhas de 28,53 %, 18,89 % e 21,51 % aos 30, 60 DAS e na colheita.

O teor de N, P e K na semente e na palha de mostarda foi influenciado significativamente pelas diferentes medidas de gestão das infestantes. O tratamento de controlo sem ervas daninhas (20 e 40 DAS) (W_3) apresentou valores significativamente mais elevados de azoto, fósforo e potássio na semente e na palha de mostarda, seguido dos tratamentos de aplicação pré-emergência de oxadiargil 80% WP @ 100 g ha^{-1} (W_1) e aplicação pós-emergência de quizalofop-ethyl 10 % EC @ 45 g ha^{-1} (W_2), que foram iguais entre si e considerados significativamente superiores a outras medidas de gestão de ervas daninhas durante o ano de investigação. Isso pode ser devido à menor infestação de ervas daninhas, o que resultou no aumento da disponibilidade de nutrientes essenciais para a cultura da mostarda.

O teor e a absorção de N, P e K pelas ervas daninhas foram significativamente influenciados pelas diferentes medidas de gestão das ervas daninhas. O valor significativamente mais elevado do teor de azoto, fósforo e potássio e da absorção pelas ervas daninhas foi registado no tratamento de controlo de ervas daninhas (W_4) em relação a outras medidas de gestão de ervas daninhas durante o ano de investigação. Isso pode ser devido à alta infestação de ervas daninhas na parcela experimental. Resultados semelhantes foram registados por Singh *et al.* (2020) e Sharma *et al.* (2016).

A acumulação de matéria seca e o rendimento de sementes da cultura dependem diretamente da absorção de nutrientes pela cultura, enquanto a acumulação de matéria seca pelas infestantes está diretamente relacionada com a quantidade de nutrientes absorvidos pelas infestantes sob diferentes medidas de gestão das infestantes. Devido às diferentes medidas de gestão das infestantes, a absorção de N, P e K nas sementes, palha e total foi significativamente influenciada. Registou-se uma absorção significativamente mais elevada de azoto, fósforo e potássio na semente, palha e absorção total no tratamento de controlo sem ervas daninhas (20 e 40 DAS) (W_3), enquanto a aplicação pré-emergente de oxadiargil 80% WP @ 100 g ha^{-1} (W_1) e a aplicação pós-emergente de quizalofop-ethyl 10 % EC @ 45 g ha^{-1} (W_2) foram consideradas iguais entre si, mas significativamente superiores às restantes medidas de gestão de ervas daninhas.

O aumento da absorção destes nutrientes pela mostarda resultou num aumento da produção de sementes e palha. Resultados semelhantes estão em conformidade com o estudo de Bamboriya *et al.* (2017) e Bhalerao *et al.* (2021).

A disponibilidade de azoto, fósforo e potássio no solo após a colheita da mostarda foi significativamente influenciada pelas diferentes medidas de gestão das infestantes. O tratamento de controlo sem ervas daninhas (20 e 40 DAS) (W_3) registou uma disponibilidade significativamente mais baixa de azoto, fósforo e potássio em relação às restantes medidas de gestão de ervas daninhas, enquanto que a disponibilidade mais elevada de azoto, fósforo e potássio foi registada pelo tratamento de controlo com ervas daninhas (W_4) em relação às outras medidas de gestão de ervas daninhas. O aumento médio da produção de sementes e palha no tratamento de controlo sem ervas daninhas (20 e 40 DAS) (W_3) deveu-se a uma maior absorção de nutrientes pela cultura da mostarda. Resultados semelhantes foram registados por Bhalerao *et al.* (2021).

A partir da análise económica, observou-se que as diferentes medidas de gestão de ervas daninhas influenciaram o custo de cultivo, os retornos brutos e os retornos líquidos. Os custos de cultivo mais elevados (48212,33 Rs ha^{-1}), os retornos brutos (60624,90 Rs ha^{-1}) e os retornos líquidos (12412,57 Rs ha^{-1}) foram registados pelo tratamento de controlo sem ervas daninhas (20 e 40 DAS) (W_3). Estes resultados confirmam os resultados de Mishra *et al.* (2012).

5.4 Efeito de interação entre a solarização do solo e as medidas de gestão das infestantes

Os atributos de crescimento e os caracteres que atribuem rendimento foram influenciados significativamente devido ao efeito de interação da solarização do solo e das medidas de gestão das ervas daninhas.

O vislumbre dos dados apresentados na Tabela 9 resultou em que o tratamento de solarização do solo com polietileno transparente combinado com controlo sem ervas daninhas (20 e 40 DAS) (S W_{23}) registou uma altura de planta significativamente maior do que o resto das combinações de tratamento aos 30 DAS, enquanto as combinações de tratamento de solarização do solo com polietileno preto combinado com a aplicação pré-emergência de oxadiargil 80% WP @ 100 g ha^{-1} (S W_{11}), solarização do solo com polietileno preto combinada com a aplicação pós-emergência de quizalofope-etilo 10 % CE @ 45 g ha^{-1} (S W_{12}), solarização do solo com polietileno preto combinada com controlo sem ervas daninhas (20 e 40 DAS) (S W_{13}), solarização do solo com polietileno transparente combinada com aplicação pré-emergente de oxadiargil 80% WP @ 100 g ha^{-1} (S W_{21}), solarização do solo com polietileno transparente combinada com aplicação pós-emergente de quizalofop-ethyl 10 % EC @ 45 g ha^{-1} (S W_{22}) e controlo (sem solarização) combinado com controlo sem ervas daninhas (20 e 40 DAS) (S W_{33}) que foram encontrados a par com a solarização do solo com polietileno transparente combinado com controlo sem ervas daninhas (20 e 40 DAS) (S W_{23}). Aos 60, 90 DAS e no tratamento de colheita, a solarização do solo com polietileno transparente combinada com controlo sem ervas daninhas (20 e 40 DAS) (S W_{23}) registou uma superioridade significativa em relação às restantes combinações de tratamentos. Isto pode dever-se a uma menor densidade de ervas daninhas e a uma melhor absorção de nutrientes essenciais pela cultura.

Pode ser visto a partir dos dados apresentados na Tabela 11 que, aos 60 DAS, o tratamento (S W_{13}) solarização do solo com polietileno preto combinado com o tratamento de controlo sem ervas daninhas (20 e 40 DAS) registou um número significativamente maior de ramos de $plantas^{-1}$ seguido pela combinação do tratamento solarização do solo com polietileno preto combinado com a aplicação pré-emergência de oxadiargil 80% WP @ 100 g ha^{-1} (S W_{11}), solarização do solo com polietileno transparente combinada com a aplicação pós-emergência de quizalofope-etilo 10 % CE @ 45 g ha^{-1} (S W_{22}), solarização do solo com polietileno transparente combinada com controlo sem infestantes (20 e 40 DAS) (S W_{23}), solarização do solo com polietileno transparente combinada com controlo de infestantes (S W_{24}), controlo (sem solarização) combinado com a aplicação pré-emergente de oxadiargil 80% WP @ 100 g ha^{-1} (S W_{31}) e controlo (sem solarização) combinado com controlo sem ervas daninhas (20 e 40 DAS) (S W_{33}) que foram iguais a S W_{13} e significativamente superiores ao resto das combinações de tratamento. O tratamento (S W_{13}) solarização do solo com polietileno preto combinado com o tratamento de controlo sem ervas daninhas (20 e 40 DAS) registou um número significativamente mais elevado de ramos de $plantas^{-1}$ exceto o tratamento solarização do solo com polietileno preto combinado com a aplicação pré-emergente de oxadiargil 80% WP @ 100 g ha^{-1} (S W_{11}), solarização do solo com polietileno transparente combinado com a aplicação pós-emergente de quizalofop-ethyl 10 % EC @ 45 g ha^{-1} (S W_{22}), solarização do solo com polietileno transparente combinado com controlo sem ervas daninhas (20 e 40 DAS) (S W_{23}), e controlo (sem solarização) combinado com aplicação pré-emergência de oxadiargil 80% WP @ 100 g ha^{-1} (S W_{31}) que foram encontrados a par com S W_{13} e significativamente superior ao resto da combinação de tratamento aos 90 DAS. O tratamento de solarização do solo com polietileno transparente combinado com controlo sem ervas daninhas (20 e 40 DAS) (S W_{23}) registou um maior número de ramos de $plantas^{-1}$ em estudo, exceto a combinação de tratamento de solarização do solo com polietileno preto combinado com aplicação pré-emergente de oxadiargil 80% WP @ 100 g ha S W^{-1} $_{(11)}$, solarização do solo com polietileno preto combinada com o tratamento de controlo sem ervas daninhas (20 e 40 DAS) (S W_{13}), solarização do solo com polietileno transparente combinada com aplicação pós-emergência de quizalofop-ethyl 10 % EC @ 45 g ha^{-1} (S W_{22}), controlo (sem solarização) combinado com aplicação pré-emergente de oxadiargil 80% WP @ 100 g ha^{-1} (S W_{31}) e controlo (sem solarização) combinado com controlo sem ervas daninhas (20 e 40 DAS) (S W_{33}) que foram encontrados a par com S W_{23} e significativamente superiores ao resto da combinação de tratamentos na colheita sob investigação devido ao controlo eficaz das ervas daninhas e à absorção adequada de nutrientes essenciais pela cultura.

A leitura dos dados apresentados no Quadro 13 resume-se a que, aos 30 e 60 DAS, o tratamento (S W_{23}) de solarização do solo com polietileno transparente combinado com o tratamento de controlo sem ervas daninhas (20 e 40 DAS) registou uma acumulação de matéria seca significativamente mais elevada na $planta^{-1}$ (g), seguido das combinações de tratamento de solarização do solo com polietileno preto combinado com a aplicação pré-emergente de oxadiargil 80% WP @ 100 g ha^{-1} (S W_{11}), solarização do solo com polietileno preto combinada com a aplicação pós-emergente de quizalofope-etilo 10 % CE @ 45 g ha^{-1} (S W_{12}), solarização do solo com polietileno preto combinada com tratamento de controlo sem ervas daninhas (20 e 40 DAS) (S W_{13}), solarização do solo com polietileno transparente combinada com aplicação pré-emergente de oxadiargil 80% WP @ 100 g ha^{-1} (S W_{21}), solarização do solo com polietileno transparente combinada com a aplicação pós-emergente de quizalofop-ethyl 10 % EC @ 45 g ha^{-1} (S W_{22}) e controlo (sem solarização) combinado com controlo sem ervas daninhas (20 e 40 DAS) (S W_{33}) que foram iguais à solarização do solo com polietileno transparente combinada com o tratamento de controlo sem ervas daninhas (20 e 40 DAS) (S W_{23}) e significativamente superiores ao resto das combinações de tratamento. O tratamento (S W_{23}) de solarização do solo com polietileno transparente combinado com o tratamento de controlo sem ervas daninhas (20 e 40 DAS) registou uma acumulação de matéria seca significativamente mais elevada^{-1} (g) do que o resto das combinações de tratamento, exceto as combinações de tratamento de solarização do solo com polietileno preto combinado com a aplicação pré-emergência de oxadiargil 80% WP @ 100 g ha^{-1} (S W_{11}), solarização do solo com polietileno preto combinada com o tratamento de controlo sem ervas daninhas (20 e 40 DAS) (S W_{13}), solarização do solo com polietileno transparente combinado com a aplicação pré-emergente de oxadiargil 80% WP @ 100 g ha^{-1} (S W_{21}) e solarização do solo com polietileno transparente combinado com a aplicação pós-emergente de quizalofop-ethyl 10 % EC @ 45 g ha^{-1} (S W_{22}) que foram encontrados a par com S W_{23} aos 90 DAS e na colheita.

A partir dos dados apresentados no Quadro 14, observou-se que o tratamento (S W_{23}) de solarização do solo com polietileno transparente combinado com o tratamento de controlo sem ervas daninhas (20 e 40 DAS) registou um número significativamente mais elevado de plantas com síliquas^{-1} seguido do tratamento combinações de solarização do solo com polietileno preto combinado com a aplicação pré-emergência de oxadiargil 80% WP @ 100 g ha^{-1} (S W_{11}), solarização do solo com polietileno preto combinada com aplicação em pós-emergência de quizalofope-etilo 10% EC @ 45 g ha^{-1} (S W_{12}), solarização do solo com polietileno preto combinada com controlo sem infestantes (20 e 40 DAS) (S W_{13}), solarização do solo com polietileno preto combinada com controlo de infestantes (S W_{14}), solarização do solo com polietileno transparente combinada com aplicação pré-emergência de oxadiargil 80% WP @ 100 g ha^{-1} (S W_{21}), solarização do solo com polietileno transparente combinada com aplicação pós-emergência de quizalofop-ethyl 10 % EC @ 45 g ha^{-1} (S W_{22}), solarização do solo com polietileno transparente combinada com controlo de infestantes (S W_{24}), controlo (sem solarização) combinado com a aplicação pós-emergência de quizalofop-ethyl 10 % EC @ 45 g ha^{-1} (S W_{32}), controlo (sem solarização) combinado com controlo sem ervas daninhas (20 e 40 DAS) (S W_{33}), controlo (sem solarização) combinado com controlo de ervas daninhas (S W_{34}) que foram encontrados a par com a combinação de tratamento S W_{23} sobre o resto das combinações de tratamento na colheita. O peso significativamente maior da planta de síliquas^{-1} foi registado no tratamento (S W_{23}) solarização do solo com polietileno transparente combinado com o tratamento de controlo sem ervas daninhas (20 e 40 DAS) seguido de combinações de tratamento solarização do solo com polietileno preto combinado com aplicação pré-emergência de oxadiargil 80% WP @ 100 g ha^{-1} (S W_{11}), solarização do solo com polietileno preto combinada com a aplicação pós-emergência de quizalofope-etilo 10 % CE @ 45 g ha^{-1} (S W_{12}), solarização do solo com polietileno preto combinada com controlo sem ervas daninhas (20 e 40 DAS) (S W_{13}), solarização do solo com polietileno preto combinado com controlo de infestantes (S W_{14}), solarização do solo com polietileno transparente combinado com aplicação pré-emergência de oxadiargil 80% WP @ 100 g ha^{-1} (S W_{21}), solarização do solo com polietileno transparente combinada com a aplicação pós-emergente de quizalofop-ethyl 10 % EC @ 45 g ha^{-1} (S W_{22}) e controlo (sem solarização) combinado com controlo sem ervas daninhas (20 e 40 DAS) (S W_{33}) que foram iguais ao tratamento (S W_{23}) solarização do solo com polietileno transparente combinado com o tratamento controlo sem ervas daninhas (20 e

40 DAS) em relação ao resto das combinações de tratamento. O número máximo de plantas com síliquas^{-1} e o peso das plantas com síliquas^{-1} deveu-se provavelmente a uma menor competição entre a cultura e as ervas daninhas por luz, espaço e nutrientes nas parcelas tratadas.

Os dados apresentados no Quadro 17 mostram que o tratamento (S W_{23}) solarização do solo com polietileno transparente combinado com controlo sem ervas daninhas (20 e 40 DAS) registou um rendimento de grãos significativamente mais elevado (q ha^{-1}) seguido do tratamento (S W_{13}) solarização do solo com polietileno preto combinado com controlo sem ervas daninhas (20 e 40 DAS), (S W_{21}) Solarização do solo com polietileno transparente combinado com aplicação pré-emergente de oxadiargil 80% WP @ 100 g ha^{-1} sobre outros tratamentos. No entanto, o rendimento de sementes significativamente mais baixo foi encontrado no controlo (sem solarização) combinado com o controlo de ervas daninhas (S W_{34}). No caso do rendimento de palha, o tratamento (S W_{23}) solarização do solo com polietileno transparente combinado com controlo sem ervas daninhas (20 e 40 DAS) registou um rendimento de palha significativamente mais elevado (q ha^{-1}) de mostarda seguido por combinações de tratamento i.e. (S W_{11}) Solarização do solo com polietileno preto combinada com aplicação pré-emergente de oxadiargil 80% WP @ 100 g ha^{-1} , (S W_{12}) solarização com polietileno preto combinada com aplicação pós-emergente de quizalofop-ethyl 10 % EC @ 45 g ha^{-1} , (S W_{13}) solarização do solo com polietileno preto combinada com controlo sem ervas daninhas (20 e 40 DAS), (S W_{21}) solarização do solo com polietileno transparente combinada com aplicação pré-emergente de oxadiargil 80% WP @ 100 g ha^{-1} , (S W_{22}) solarização do solo com polietileno transparente combinada com aplicação pós-emergente de quizalofop-ethyl 10 % EC @ 45 g ha^{-1} que foi a par com (S W_{23}) solarização do solo com polietileno transparente combinada com controlo sem ervas daninhas (20 e 40 DAS). No entanto, o menor rendimento de palha (q ha^{-1}) foi registado em (S W_{34}) controlo (sem solarização) combinado com controlo de ervas daninhas (20 e 40 DAS). No tratamento de solarização do solo com polietileno transparente, devido à condição de ausência de ervas daninhas, houve um maior número de plantas com $síliquas^{-1}$ e uma maior produção de matéria $seca^{-1}$, o que resultou num aumento da produção de sementes e de palha.

A solarização do solo com polietileno transparente combinada com controlo sem ervas daninhas (20 e 40 DAS) (S W_{23}) registou o menor número total de ervas daninhas e peso seco de ervas daninhas em comparação com outros tratamentos, enquanto o maior número total de ervas daninhas e peso seco de ervas daninhas foi maior no tratamento combinado de controlo (sem solarização) com controlo de ervas daninhas (S W_{34}). Isto pode ser devido à incidência direta de luz visível que aumenta a temperatura, o que resulta na redução da flora infestante na parcela tratada e aumenta a absorção de nutrientes durante o período de crescimento da cultura.

Os dados apresentados no quadro 26 referem-se à absorção de azoto pelo grão, palha e absorção total pela mostarda. Registou-se uma absorção significativamente mais elevada de azoto no grão e no total no tratamento (S W_{23}) de solarização do solo com polietileno transparente combinado com controlo sem ervas daninhas (20 e 40 DAS), que se revelou superior ao resto das combinações de tratamento no grão e na absorção total pela cultura da mostarda. No caso da palha, o tratamento (S W_{23})

solarização do solo com polietileno transparente combinado com controlo sem ervas daninhas (20 e 40 DAS) registou uma absorção de azoto no grão significativamente mais elevada do que as restantes combinações de tratamento, seguido da combinação de tratamentos solarização com polietileno preto combinado com aplicação pós-emergência de quizalofop-ethyl 10 % EC @ 45 g ha^{-1} (S W_{12}), solarização com polietileno preto combinado com controlo sem ervas daninhas (20 e 40 DAS) (S W_{13}), solarização do solo com polietileno transparente combinada com a aplicação pré-emergente de oxadiargil 80% WP @ 100 g ha^{-1} (S W_{21}) e solarização do solo com polietileno transparente combinada com a aplicação pós-emergente de quizalofop-ethyl 10 % EC @ 45 g ha^{-1} (S W_{22}) que foram iguais ao tratamento (S W_{23}) solarização do solo com polietileno transparente combinada com controlo sem infestantes (20 e 40 DAS).

No caso da absorção de fósforo pela mostarda, os dados apresentados no Quadro 28 indicam que, O tratamento (S W_{23}) solarização do solo com polietileno transparente combinado com controlo sem ervas daninhas (20 e 40 DAS) registou uma absorção de fósforo significativamente mais elevada no grão (kg ha^{-1}) em relação ao resto das combinações de tratamento, exceto a combinação de tratamento solarização do solo com polietileno preto combinado com controlo sem ervas daninhas (20 e 40 DAS) (S W_{13}) e solarização do solo com polietileno transparente combinado com aplicação pré-emergência de oxadiargil 80% WP @ 100 g ha (S W), que foram encontrados em préaplicação pré-emergente de oxadiargil 80% WP @ 100 g ha^{-1} (S W_{21}) que foram encontrados a par com o tratamento (S W_{23}) solarização do solo com polietileno transparente combinado com controlo livre de ervas daninhas (20 e 40 DAS) e superior ao resto das combinações de tratamento. O tratamento solarização do solo com polietileno transparente combinado com controlo sem ervas daninhas (S W_{23}) registou um valor significativamente mais elevado de absorção de fósforo pela palha (kg ha^{-1}) seguido da combinação de tratamentos solarização do solo com polietileno preto combinado com controlo sem ervas daninhas (20 e 40 DAS) (S W_{13}), solarização do solo com polietileno transparente combinado com a aplicação pré-emergente de oxadiargil 80% WP @ 100 g ha^{-1} (S W_{21}) e e solarização do solo com polietileno transparente combinado com a aplicação pós-emergente de quizalofop-ethyl 10% EC @ 45 g ha^{-1} (S W_{22}) que foram iguais ao tratamento (S W_{23}) solarização do solo com polietileno transparente combinado com controlo sem ervas daninhas (20 e 40 DAS) e superior ao resto das combinações de tratamento.

Os dados apresentados no Quadro 30 revelam que o tratamento (S W_{23}) de solarização do solo com polietileno transparente combinado com controlo sem ervas daninhas (20 e 40 DAS) registou uma absorção de potássio na semente (kg ha^{-1}) significativamente mais elevada do que as restantes combinações de tratamento, exceto o tratamento de solarização do solo com polietileno preto combinado com a aplicação pré-emergência de oxadiargil 80% WP @ 100 g ha^{-1} (S W_{11}), solarização do solo com polietileno preto combinada com a aplicação pós-emergência de quizalofope-etilo 10 % CE @ 45 g ha^{-1} (S W_{12}), solarização do solo com polietileno preto combinada com controlo sem ervas daninhas (20 e 40 DAS) (S W_{13}), solarização do solo com polietileno preto combinada com controlo de ervas daninhas (S W_{14}), solarização do solo com polietileno transparente combinada com aplicação pré-emergente de oxadiargil 80% WP @ 100 g ha^{-1} (S W_{21}), solarização do solo com polietileno transparente combinada com aplicação pós-emergente de quizalofop-ethyl 10 % EC @ 45 g ha^{-1} (S W_{22}) e solarização do solo com polietileno transparente combinada com controlo de infestantes (S W_{24}) em relação às restantes combinações de tratamento. A combinação de tratamento solarização do solo com polietileno transparente combinado com controlo sem ervas daninhas (20 e 40 DAS) (S W_{23}) registou um valor significativamente mais elevado de absorção de potássio pela palha (kg ha^{-1}) seguido da combinação de tratamento solarização do solo com polietileno preto combinado com aplicação pré-emergência de oxadiargil 80% WP @ 100 g ha^{-1} (S W_{11}), solarização do solo com polietileno preto combinada com a aplicação pós-emergente de quizalofope-etilo 10 % CE @ 45 g ha^{-1} (S W_{12}), solarização do solo com polietileno preto combinada com controlo sem ervas daninhas (20 e 40 DAS) (S W_{13}), solarização do solo com polietileno transparente combinada com aplicação pré-emergência de oxadiargil 80% WP @ 100 g ha^{-1} (S W_{21}) , solarização do solo com polietileno transparente combinada com aplicação pós-emergência de quizalofop-ethyl 10 % EC @ 45 g ha^{-1} (S W_{22}), solarização do solo com polietileno transparente combinada com controlo de infestantes (S W_{24}) e controlo (sem solarização) combinado com aplicação pré-emergência de oxadiargil 80% WP @ 100 g ha^{-1} (S W_{31}) sobre o resto das combinações de tratamento. A solarização do solo com polietileno transparente combinada com controlo sem ervas daninhas (S W_{23}) registou uma absorção total de potássio significativamente mais elevada (kg ha^{-1}), exceto nas combinações de tratamento solarização do solo com polietileno preto combinada com aplicação pré-emergente de oxadiargil 80% WP @ 100 g ha^{-1} (S W_{11}), solarização do solo com polietileno preto combinada com a aplicação pós-emergente de quizalofope-etilo 10% EC @ 45 g ha^{-1} (S W_{12}), solarização do solo com polietileno preto combinada com controlo sem ervas daninhas (20 e 40 DAS) (S W_{13}), solarização do solo com polietileno transparente combinada com aplicação pré-emergente de oxadiargil 80% WP @ 100 g ha^{-1} (S W_{21}), solarização do solo com polietileno transparente combinado com aplicação pós-emergente de quizalofop-ethyl 10 % EC @ 45 g ha^{-1} (S W_{22}) e solarização do solo com polietileno transparente combinado com controlo de ervas daninhas (S W_{24}) que foram encontrados a par com (S W_{23}) e superior ao resto das combinações de tratamento.

Os dados apresentados no quadro 33 indicam que o tratamento de controlo (sem solarização) combinado com o controlo de infestantes (S W_{34}) registou um valor significativamente mais elevado de absorção de azoto (kg ha^{-1}) pelas infestantes, ao passo que as combinações de tratamentos i.e solarização do solo com polietileno preto combinado com controle de ervas daninhas (S W_{14}), solarização do solo com polietileno transparente combinado com controle de ervas daninhas (S W_{24}) e controle (sem solarização) combinado com aplicação pós-emergência de quizalofop-ethyl 10 % EC @ 45 g ha^{-1} (S W $)_{32}$ foram iguais a S W_{34} sobre o resto das combinações de tratamento. O tratamento de controlo (sem solarização) combinado com o controlo das ervas daninhas (S W_{34}) registou um valor significativamente mais elevado de absorção de fósforo (kg ha^{-1}) pelas ervas daninhas e foi superior ao resto das combinações de tratamento. O tratamento de controlo (sem solarização) combinado com o controlo de infestantes (S W_{34}) registou um valor significativamente mais elevado de absorção de potássio (kg ha^{-1}) pelas infestantes e foi considerado igual às combinações de tratamento, ou seja, solarização do solo com polietileno preto combinado com o controlo de infestantes (S W_{14}

) e solarização do solo com polietileno transparente combinado com o controlo de infestantes (S W_{24}) em relação às restantes combinações de tratamento durante o período de investigação. Isso pode ser devido à maior infestação de ervas daninhas na parcela, resultando em maior absorção de N, P e K pelas ervas daninhas.

No caso do fósforo disponível no solo após a colheita, os dados apresentados na Tabela 35 resultaram que, Fósforo disponível significativamente maior (kg ha^{-1}) foi registrado no tratamento controle (sem solarização) combinado com controle de ervas daninhas (S W_{34}) sobre o resto das combinações de tratamento, exceto tratamento solarização do solo com polietileno preto combinado com aplicação pós-emergência de quizalofop-ethyl 10 % EC @ 45 g ha^{-1} (S W_{12}), solarização do solo com polietileno preto combinado com controle de ervas daninhas (S W_{14}), solarização do solo com polietileno transparente combinada com controlo de infestantes (S W_{24}), controlo (sem solarização) combinado com aplicação pré-emergência de oxadiargil 80% WP @ 100 g ha^{-1} (S W_{31}), controlo (sem solarização) combinado com aplicação pós-emergência de quizalofop-ethyl 10 % EC @ 45 g ha^{-1} (S W_{32}) e controlo (sem solarização) combinado com controlo de infestantes (20 e 40 DAS) (S W_{33}) que foi encontrado a par com o tratamento combinado controlo (sem solarização) combinado com controlo de infestantes (S W_{34}).

5.5 Economia das combinações de tratamento

O efeito de interação entre a solarização do solo e as medidas de gestão das ervas daninhas foi considerado eficaz para o rendimento da mostarda. No entanto, qualquer tecnologia adoptada pelos agricultores depende principalmente da relação custo-eficácia. Os mesmos princípios são seguidos ao decidir o tratamento de solarização do solo e as medidas de gestão de ervas daninhas para a mostarda. Por conseguinte, a conclusão foi obtida após uma análise económica adequada.

Com base na análise económica, os dados apresentados na Tabela 38 revelaram que, o maior custo de cultivo (56919,33 Rs ha^{-1}) foi registado sob combinações de tratamento (S W_{23}) solarização do solo com polietileno transparente combinado com controlo livre de ervas daninhas (20 e 40 DAS). Os maiores retornos monetários brutos (67666,93 Rs ha^{-1}) foram obtidos pela combinação de tratamento S W_{23} ou seja, solarização do solo com polietileno transparente combinado com controlo livre de ervas daninhas (20 e 40 DAS). O maior retorno líquido (17791.17 Rs ha^{-1}) foi obtido no tratamento controle (sem solarização) combinado com controle livre de ervas daninhas (20 e 40 DAS) (S W_{33}). A maior relação B: A maior relação B: C (1,57) foi obtida quando a mostarda foi tratada com controle (sem solarização) combinado com controle livre de ervas daninhas (20 e 40 DAS) (S W_{33}). Isso pode ser devido ao menor custo de cultivo necessário durante o período de investigações.

CAPÍTULO VI
RESUMO E CONCLUSÃO

Uma investigação de campo intitulada "Efeito da solarização do solo e das práticas de manejo de ervas daninhas no desempenho da mostarda (*Brassica juncea* L.) sob solo laterítico de konkan" foi conduzida na Fazenda Agronômica, lote n° 44, Departamento de Agronomia, Faculdade de Agricultura, Dapoli, Dist. Ratnagiri durante a temporada *rabi* de 2020-21, de modo a descobrir medidas adequadas de solarização do solo e manejo de ervas daninhas para um ótimo crescimento e rendimento da mostarda.

O experimento foi realizado em esquema de parcelas em faixas, com três repetições e 12 combinações de tratamentos (três de solarização do solo e quatro de manejo de plantas daninhas). O solo da parcela experimental era de textura franco-argilo-arenosa, com pH ligeiramente ácido e alto teor de matéria orgânica. Tinha um teor médio de azoto disponível, fósforo disponível e potássio disponível.

Durante o período de estudo, as observações de crescimento foram registadas periodicamente, enquanto as observações sobre os caracteres que atribuem rendimento e o rendimento da mostarda foram registadas na colheita. A análise química do grão e da palha da mostarda e das ervas daninhas foi efectuada na colheita para determinar a absorção de nutrientes (kg ha^{-1}) pela mostarda e pelas ervas daninhas. Do mesmo modo, foi calculada a economia dos diferentes tratamentos e combinações. Os resultados importantes desta investigação são resumidos a seguir:

6.1 Efeito da solarização do solo

1. A população de plantas de mostarda na fase inicial e final não foi influenciada significativamente pelos diferentes tratamentos de solarização do solo.
2. O tratamento de solarização do solo com polietileno transparente (S_2) registou valores significativamente mais elevados de caracteres de crescimento da mostarda, *nomeadamente,* altura da planta (cm), número de ramos da planta^{-1} e acumulação de matéria seca da planta^{-1} (g) em todas as fases de crescimento.
3. O tratamento (S_2), ou seja, a solarização do solo com polietileno transparente, registou valores significativamente mais elevados de caracteres que atribuem rendimento, nomeadamente, número de plantas de síliquas^{-1} , peso da planta de síliquas^{-1} (g), comprimento das síliquas (cm), número de sementes de síliquas^{-1} e peso da planta de sementes^{-1} (g) em relação ao controlo (sem solarização) (S_3) e foi igual ao tratamento de solarização do solo com polietileno preto (S_1). O peso de 1000 sementes (g) não foi influenciado significativamente pelos tratamentos de solarização do solo.
4. A produção de sementes (q ha^{-1}), a produção de palha (q ha^{-1}) e o índice de colheita (%) foram significativamente mais elevados no tratamento de solarização do solo com polietileno transparente (S_2) do que no controlo (sem solarização) (S_3), seguido do tratamento de solarização do solo com polietileno preto (S). 1
5. O número total de ervas daninhas m^{-2} e o peso seco total de ervas daninhas m^{-2} (g) foram influenciados significativamente durante o ano de estudo. O valor mais baixo do número total de ervas daninhas m^{-2} e o peso seco das ervas daninhas m^{-2} (g) foram registados no tratamento

de solarização do solo com polietileno transparente (S_2) em relação ao controlo (sem solarização) (S_3) e foi igual ao tratamento de solarização do solo com polietileno preto (S_1).

6. Os teores de macronutrientes, isto é, azoto, fósforo e potássio, nas sementes e na palha de mostarda foram significativamente mais elevados no tratamento de solarização do solo com polietileno transparente (S_2), seguido do tratamento de solarização do solo com polietileno preto (S_1) e do controlo (sem solarização) (S_3), por ordem decrescente de significância.
7. Os diferentes tratamentos de solarização do solo influenciaram significativamente a absorção de azoto, fósforo e potássio e a sua absorção total. O tratamento de solarização do solo com polietileno transparente (S_2) registou uma absorção significativamente mais elevada de nutrientes, *nomeadamente azoto*, fósforo e potássio, por sementes e palha, bem como a sua absorção total.
8. O teor significativamente mais elevado de N, P e K nas ervas daninhas foi registado pelo tratamento de controlo (sem solarização) (S_3) em relação aos restantes tratamentos em estudo. A absorção total significativamente mais elevada de N, P e K pelas ervas daninhas foi registada pelo controlo (sem solarização) (S_3) em relação às restantes medidas de gestão das ervas daninhas.
9. A disponibilidade de azoto, fósforo e potássio no solo após a colheita da cultura foi significativamente mais elevada no tratamento de controlo (sem solarização) (S_3) do que nos restantes tratamentos de solarização do solo.

10. O pH, a condutividade eléctrica e o carbono orgânico no solo após a colheita não foram influenciados significativamente pelos diferentes tratamentos de solarização do solo.
11. Entre os diferentes tratamentos de solarização do solo, a solarização do solo com polietileno transparente (S_2) registou o maior rendimento bruto, enquanto o tratamento de controlo (sem solarização) (S_3) registou o maior rendimento líquido e o rácio B: C.

6.2 Efeito das medidas de gestão das infestantes

1. A população de plantas m^{-2} foi contada aos 20 DAS e na colheita não foi significativamente influenciada pelas diferentes medidas de gestão das ervas daninhas.
2. Os caracteres de crescimento, *nomeadamente a* altura da planta (cm), o número de ramos da planta^{-1} e a acumulação de matéria seca da planta^{-1} (g) da mostarda aumentaram significativamente com o tratamento de controlo sem ervas daninhas (20 e 40 DAS) (W_3) em comparação com outras medidas de gestão de ervas daninhas em todas as fases de crescimento da cultura.
3. O valor mais elevado dos atributos de rendimento *viz*, número de silíquas da planta^{-1} , peso das silíquas da planta^{-1} (g), comprimento das silíquas (cm), número de sementes das silíquas^{-1} e peso das sementes da planta^{-1} (g) registados pelo controlo sem ervas daninhas (20 e 40 DAS) (W_3), seguido dos tratamentos de aplicação pré-emergência de oxadiargil 80% WP @ 100 g ha^{-1} (W_1), aplicação pós-emergente de quizalofop-ethyl 10 % EC @ 45 g ha^{-1} (W_2) foram iguais ao controlo sem ervas

daninhas (20 e 40 DAS) (W_3)sobre o controlo com ervas daninhas (W_4). Mas o peso de 1000 sementes (g) não foi afetado significativamente pelas medidas de gestão de ervas daninhas.

4. Os dados mostraram que significativamente, maior rendimento de sementes (q ha^{-1}), rendimento de palha (q ha^{-1}) e índice de colheita (%) foi observado no tratamento de controlo sem ervas daninhas (20 e 40 DAS) (W_3) seguido por tratamentos de aplicação pré-emergência de oxadiargyl 80% WP @ 100 g ha^{-1} (W_1), aplicação pós-emergência de quizalofop-ethyl 10 % EC @ 45 g ha^{-1} (W_2) e controlo de ervas daninhas (W_4) em ordem decrescente de significância.
5. O número total de ervas daninhas m^{-2} e a acumulação total de matéria seca de ervas daninhas m^{-2} (g) aos 30, 60 DAS e na colheita foram significativamente máximos sob controlo de ervas daninhas (W_4) em comparação com o resto dos tratamentos de controlo de ervas daninhas. O tratamento de controlo sem ervas daninhas (20 e 40 DAS) (W_3) registou a densidade mais baixa e o peso seco total das ervas daninhas (g), seguido pelo tratamento de aplicação pré-emergente de oxadiargil 80% WP @ 100 g ha^{-1} (W_1), aplicação pós-emergente de quizalofop-ethyl 10 % EC @ 45 g ha^{-1} (W_2) durante o ano de investigação.
6. O valor mais elevado de eficiência de controlo de ervas daninhas foi registado pelo controlo sem ervas daninhas (20 e 40 DAS) (W_3), seguido pelos tratamentos de aplicação pré-emergência de oxadiargil 80% WP @ 100 g ha^{-1} (W_1) e aplicação pós-emergência de quizalofop-ethyl 10 % EC @ 45 g ha^{-1} (W). 2

7. O índice mais baixo de ervas daninhas foi registado pelo tratamento de aplicação pré-emergência de oxadiargil 80% WP @ 100 g ha^{-1} (W_1) seguido pelo tratamento de aplicação pós-emergência de quizalofop-ethyl 10 % EC @ 45 g ha^{-1} (W_2) enquanto que o valor mais alto do índice de ervas daninhas foi registado com o tratamento de controlo de ervas daninhas (W).4
8. Os teores de azoto, fósforo e potássio no grão e na palha foram mais elevados no tratamento de controlo sem ervas daninhas (20 e 40 DAS) (W_3), seguido dos tratamentos de aplicação pré-emergência de oxadiargil 80% WP @ 100 g ha^{-1} (W_1), aplicação pós-emergência de quizalofop-ethyl 10 % EC @ 45 g ha^{-1} (W_2) e controlo com ervas daninhas (W_4), por ordem decrescente de significância.
9. Registou-se uma maior absorção de azoto, fósforo e potássio por semente, palha e a sua absorção total no tratamento de controlo sem ervas daninhas (20 e 40 DAS) (W_3) em relação às restantes medidas de gestão de ervas daninhas.
10. O teor significativamente mais elevado de N, P e K nas ervas daninhas foi registado pelo tratamento de controlo de ervas daninhas (W_4) em relação aos restantes tratamentos em estudo. A absorção total significativamente mais elevada de N, P e K pelas ervas daninhas foi registada pelo controlo de ervas daninhas (W_4) em relação às restantes medidas de gestão de ervas daninhas.
11. A disponibilidade de nitrogénio, fósforo e potássio no solo após a colheita da cultura foi significativamente maior no tratamento de controlo de ervas daninhas (W_4) durante o ano de investigação.

12. O pH, a condutividade eléctrica e o carbono orgânico no solo após a colheita não foram influenciados significativamente pelas diferentes medidas de gestão das infestantes.
13. Entre as diferentes medidas de gestão de ervas daninhas, o tratamento de controlo sem ervas daninhas (20 e 40 DAS) (W_3) registou o maior retorno bruto, retorno líquido e relação B: C seguido pelo tratamento de aplicação pré-emergência de oxadiargil 80% WP @ 100 g ha^{-1} (W_1), aplicação pós-emergência de quizalofop-ethyl 10 % EC @ 45 g ha^{-1} (W_2) e controlo de ervas daninhas (W_4) em ordem decrescente de significância.

6.3 Efeito de interação

1. O efeito de interação entre a solarização do solo e as medidas de gestão das ervas daninhas em relação a todos os parâmetros pré e pós-colheita da cultura, aos parâmetros químicos do solo e ao teor de nutrientes não foi significativo, exceto a altura da planta (cm), o número de ramos da $planta^{-1}$, a acumulação de matéria seca da $planta^{-1}$ (g), o número de síliquas da $planta^{-1}$, peso da planta $siliquae^{-1}$ (g), rendimento de sementes (q ha^{-1}), rendimento de palha (q ha^{-1}), absorção de azoto nas sementes, palha e sua absorção total, absorção de potássio nas sementes, palha e sua absorção total, absorção de fósforo nas sementes, palha e sua absorção total pela mostarda, bem como fósforo disponível no solo após a colheita durante o período de investigação
2. O tratamento (S W_{23}) solarização do solo com polietileno transparente combinado com controlo sem ervas daninhas (20 e 40 DAS) (W_3) registou uma altura de planta

significativamente mais elevada (cm), número de ramos da planta^{-1} e acumulação de matéria seca da planta^{-1} (g) em relação às restantes combinações de tratamento.

3. O tratamento (S W_{23}) de solarização do solo com polietileno transparente combinado com controlo sem ervas daninhas (20 e 40 DAS) (W_3) registou valores significativamente mais elevados de número de plantas de síliquas^{-1} , peso de plantas de síliquas^{-1} (g), rendimento de sementes (q ha^{-1}), rendimento de palha (q ha^{-1}), absorção de azoto em grão, palha e sua absorção total, absorção de potássio na semente, palha e sua absorção total, absorção de fósforo na semente, palha e sua absorção total pela mostarda, bem como o fósforo disponível no solo após a colheita sobre o resto das combinações de tratamento.
4. Os maiores retornos líquidos e a razão B: C de Rs.17791.17 ha^{-1} e 1.57, respetivamente, foram obtidos sob a combinação de tratamento (S W_{33}) controle (sem solarização) combinado com controle livre de ervas daninhas (20 e 40 DAS).

CONCLUSÃO

Com base no presente inquérito, podem ser extraídas as seguintes conclusões gerais

1. O tratamento de solarização do solo com polietileno transparente registou caracteres de rendimento mais elevados, rendimento de sementes e rendimento de palha, seguido da solarização do solo com polietileno preto.
2. O tratamento de controlo sem ervas daninhas (20 e 40 DAS), ou seja, W_3 , registou maior rendimento atribuindo caracteres, rendimento de sementes e rendimento de palha da cultura de mostarda, seguido pelo tratamento pré-emergência de oxadiargil 80 % WP @ 100 g ha^{-1} .
3. Os rendimentos líquidos mais elevados e a relação B: C registados nos tratamentos de controlo (sem solarização) e de controlo sem ervas daninhas (20 e 40 DAS) devem-se ao elevado custo do polietileno utilizado para a solarização do solo.

Com base na economia das combinações de tratamentos, conclui-se que o tratamento sem utilização de solarização do solo combinado com controlo sem ervas daninhas (20 e 40 DAS) é utilizado na região de Konkan para a cultura da mostarda durante a estação *rabi.*

LITERATURA CITADA

Anónimo (2012). Relatório da reunião do comité de revisão sobre a gestão de ervas daninhas realizada em 28th e 29th Fev. Dr.B.S.K.K.V Dapoli.pp.15-16.

Anónimo (2019).Agriculture situation in India publicado pela Direção de Economia e Estatística. New Delhi.

Ahmed, S. e Chauhan, B. S., (2014).Desempenho de diferentes herbicidas em arroz de semente seca no Bangladesh. *The Scientific World Journal.*

Akhter, M. T., Mannan, M. A., Kundu, P. B. e Paul, N. K., (2016). Efeito do tempo de semeadura e manejo de ervas daninhas no rendimento e componentes de rendimento de três variedades de rapessed (*Brassica campestris* L.). *Bangladesh J. Bot,* **45**(5):963-969.

Arora, A., (1998). Efeitos de altas temperaturas na germinação e viabilidade de sementes de ervas daninhas no solo. *Journal of Agronomy and Crop Science,* **181**(1):35-43.

Arora, S. e Sahni, D., (2016). Pesticides effect on soil microbial ecology and enzyme activity- An overview *Journal of Applied and Natural Science,* **8**(2):*1126-1132.*

Balyan, J. K., Choudhary, R. S., Kumpawat, B. S. e Choudhary, R., (2016). Manejo de ervas daninhas em blackgram em condições de sequeiro. *Indian Journal of Weed Science,* **48**(2):173-177.

Bamboriya, S. D., Kaushik, M.K., Bamboriya, S. D. e Kumawat, P., (2017). Efeito do manejo de ervas daninhas no rendimento e absorção de nutrientes na mostarda (*Brassica juncea L.*). *Jornal de Ciências Aplicadas e Naturais,* **9**(2):1107-1111.

Bazaya, B. R., Kachroo, D. e Jat, R. K., (2004). Gestão integrada de infestantes na mostarda *(Brassica juncea L.)*. *Indian Journal of Weed Science,* **36**(3&4):290-292.

Bhalerao, V. P., Rathod, R. K., Margal. P. B., Doiphode. K. M. e Kamble, B. M., (2021). Absorção de nutrientes influenciada por herbicida pré e pós-emergência em milho doce cultivado em vertisols. *The Pharma Innovation Journal,* **10**(1):439-442.

Black, C. A., (1965). Método de análise do solo, Parte II, Amer. Soc. Agron. Inc., Madison, Wisconsin, U. S. A: 1040-41, 1374-75.

Bray, R. H. e Kurtz, L. H., (1945). Determinação da forma total, orgânica e disponível de fósforo no solo. *Ciência do solo,* **59**:38-45.

Chandel, A. S. e Saxena, S. C., (2001).Efeito de alguns novos herbicidas pós-emergentes nos parâmetros das ervas daninhas e na produção de sementes de soja (*Glycine max*). *Indian Journal of Agronomy,* **46**(2):332-338.

Chauhan, Y. S., Bhargava, M. K. e Jain, V. K., (2005). Gestão de ervas daninhas na mostarda indiana (*Brassica juncea.* L). *Indian J. Agron,* **50**(2):149-151.

Das, S. K. e Jana, K., (2016). Manejo químico de ervas daninhas em grama preta (*Vigna mungo* L.). *Journal of Crop and Weed,***12**(3):163-167.

Degra, M. L., Shivam, R. K. e Sharma, Rajvir, (2006). Integrated weed management in mustard (*Brassica juncea* L.). *Indian Journal of Weed Science,* **38**(3&4):274-275.

Elmore, C. L., Stapleton, J. J., Bell, C. E. e Devay, J. E., (1997). Solarização do solo: Um método não pesticida para o controlo de doenças, nemátodos e ervas daninhas. Universidade da Califórnia, Divisão de Agricultura e Recursos Naturais, Publicação 21337.

Fisher, R. A., (1921). Algumas observações sobre os métodos formulados no recente artigo sobre a análise quantitativa do crescimento das plantas. Annual Applied Biol., 7:307-372. (C. F. Plant Physiology, V. A:3-17. Editado por F. C. Steward, 1996) Academic Press Newyork.

Gage, K. C. e Schwartz-Lazaro, C. M., (2019). Mudando o paraíso: uma abordagem de sistemas ecológicos para o manejo de ervas daninhas. *Agricultura,* **9**(179):1-17.

Gill, G. S. e Kumar, V., (1969). Índice de ervas daninhas, um novo método para relatar ensaios de controlo de ervas daninhas. *Indian J. of Agronomy,* **14**(2):96-98.

Gill, H. K. e Gary, (2014). Pesticidas: impactos ambientais e estratégias de gestão, pp.187-230.

Golzardi, F., Vaziritabar, Y., Vaziritabar, Y., Sarvaramini, S. e Ebadi, S. Z., (2014). Período de solarização e espessura dos efeitos da folha de polietileno na densidade e biomassa das ervas daninhas. *Indian Journal of Fundamentals and Applied Life Science,* **4**(S3):587-593.

Gupta, K. C., Kumar, V. e Saxena, R., (2017). Eficácia das práticas de controlo de ervas daninhas na dinâmica das ervas daninhas, rendimento e economia do grão-de-bico (*Cicer arientum* L.). *Arquivos de Plantas,* **17**(1):258-260.

Gupta, V., Sasode, D. S., Joshi, E., Tiwari, S. e Singh, Y. K., (2020). Dinâmica da flora de ervas daninhas e rendimento de mostarda como influenciado pela lavoura e manejo de ervas daninhas no sistema de cultivo de milheto de pérola-mostarda-cabo. *Indian Journal of Weed Science,* **52**(3):254-258.

Jackson, M. L., (1973). Soil chemical analysis, Wisconsin Prentice Hall of India Pvt. Ltd., New Delhi: 134-182.

Jangir, R., Arvadia, L. K. e Rajpurohit, D. S., (2018). Efeito de diferentes métodos de plantação e práticas de gestão de ervas daninhas no rendimento e economia da mostarda (*Brassicajuncea L.*) e população de ervas daninhas, acumulação de matéria seca de ervas daninhas, eficiência de controlo de ervas daninhas, índice de ervas daninhas, teor de nutrientes e absorção por ervas daninhas. *International Journal of Current Microbiology and Applied Sciences,* **7**(2):2588-2599.

Jat, B. L., Jat, D. K. e Choudary, P., (2017). Gestão integrada de ervas daninhas em mostarda (*Brassica juncea*) na zona árida de Ajmer (Rajasthan). *Trends inBiosciences,* **10**(11):1998-2006.

Kalita, S., Mundra, S. L. and Sharma, N. K., (2017).Effect of weed management and nitrogen nutrition on biochemical and phonological parameters of Indian mustard [*Brassica juncea* (L.) Czern and Coss].*Journal of Pharmacognosy and Phytochemistry,* **6**(5):727-729.

Kapoor, R. T., (2020). Efeito da solarização do solo para o manejo de ervas daninhas em *Abelmoschus esculentus* L. Moench, **20**(1):1641-1647.

Kaur, S., Bhullar, M. S., Singh, S. e Singh, T., (2015). Controlo de ervas daninhas em cultivares de canola gobhi sarson e sua tolerância a herbicidas. *Indian Journal of Weed Science,* **47**(4):376-378.

Kaur, T., Walia, U. S., Bhullar, M. S. e Kaur, R., (2013). Efeito da gestão de ervas daninhas sobre ervas daninhas, crescimento e rendimento de toria. *Indian Journal of Weed Science,* **45**(4):260-262.

Khalid, K. A., Yassen, A. A. e Zaghloul, S. M., (2006).Efeito da solarização do solo e do estrume de gado no crescimento, composição essencial e química das plantas de *Calendula officinalis* L.. *Jornal de Investigação em Ciências Aplicadas,* **2**(3):142-152.

Khan, I. J., Hassan, G., Khan, B. M. e Daur, I., (2008). Eficácia de alguns herbicidas de pré e pós-emergência no rendimento e nos componentes do rendimento da canola. *Pak. J. Bot,* **40**(5):1943-1947.

Khan, M. A., Khan, B. M., Amin, A. e Nawaz, A., (2012). Solarização do solo: uma abordagem orgânica de manejo de ervas daninhas na couve-flor. *Comunicação em Ciência do Solo e Análise de Plantas,* **43**(13):1847-1860.

Khan, N. W., Khan, N. e Khan, I. A., (2012). Integração de fertilizantes nitrogenados e herbicidas para o manejo eficiente de ervas daninhas na cultura do milho. *Sarhad J. Agric,* **28**(3).

Kour, R., Sharma, B. C., Kumar, A. e Kour, P., (2013). Absorção de nutrientes pelo sistema de cultivo intercalar de grão-de-bico + mostarda, influenciado pelo manejo de ervas daninhas. *Indian Journal ofWeed Science,* **45**(3):183-188.

Kour, R., Sharma, B. C., Kumar, A., Nandan, B. e Kour, P., (2014). Efeito do manejo de ervas daninhas em sistemas de consórcio de grão-de-bico (*Cicerarietinum*) + mostarda indiana (*Brassica juncea* L.) em condições irrigadas da região de Jammu. *Jornal Indiano de Agronomia,* **59**(2):242-246.

Kumar, N., Hazra, K. K., Yadav, S. L. e Singh, S. S., (2015). Manejo de ervas daninhas com herbicidas pós-emergentes no sistema de consorciação de grão-de-bico (*Cicer arientum*) + mostarda (*Brassica juncea*). *Indian Journal of Agriculture Sciences,* **85**(8):1074-9.

Kumar, S., Kumar, A., Rana, S. S., Chander, N. e Angiras, N. N., (2012). Gestão integrada de ervas daninhas na mostarda. *Indian Journal of Weed Science,* **44**(3):139-143.

Lhungdim, J., Singh, Y., Singh, O. N. e Chongtham, S. K., (2014). Eficiência de diferentes métodos de controlo de ervas daninhas no rendimento e na economia da lentilha de sequeiro (*Lens culinaris* Medikus). *Journal of Food Legumes,* **27**(1):32-36.

Mankar, D. D., (2016). Estudo sobre a gestão eficaz de ervas daninhas na mostarda indiana (*Brassica juncea* L.). *Journal of Oilseed Brassica,* **1**(1):279-288.

Mani, V. S., Malla, M. L., Gautam, K. C. e Das, B., (1973). Químico para matar ervas daninhas na cultura da batata. *PANS,* **23**(8):17-18.

Marwat, K. B., Hussain, Z., Khan, I. A., Gul, B., (2003). Impacto da gestão das infestantes na colza. *Jornal paquistanês de pesquisa científica sobre ervas daninhas (Paquistão).*

Meena, S. K., Mundra, S. L., Meena, R. S., Sumariya, H. K., Chaudhary, P., Yadav, T. K. e Kumawat, N., (2020). Resposta do clusterbean (*Cyanopsis tetragonoloba* L.) às práticas de gestão de ervas daninhas e níveis de fósforo em condições climáticas subtropicais do Rajastão. *Jornal Internacional de Microbiologia Atual e Ciências Aplicadas,* **9**(9):748-755.

Mishra, R. K., (2012). Controlo herbicida de ervas daninhas na mostarda indiana [*Brassica juncea* (L.) Czernj e Cosson]. Dissertação de Mestrado (Agri.) apresentada ao Departamento de Agronomia, Instituto de Ciências Agrícolas, BHU, Varanasi.

Mukherjee, D., (2014). Influência da gestão de ervas daninhas e fertilizantes no rendimento e absorção de nutrientes na mostarda. *Indian Journal of Weed Science,* **46**(3):251-255.

Mukherjee, D. e Singh, R. P., (2005). Effect of micro-herbicides on weed dynamics, yield and economics. *Indian Journal of Agronomy,* **50**(4):292-295.

Mundra, S. L., Vyas, A. K. e Maliwal, P. L., (2003).Efeito da gestão das infestantes e dos nutrientes no crescimento das infestantes e na produtividade do milho (*Zea mays* L.).*Indian Journal of Weed Science,* **35**(1 e 2):57-61.

Padmaja, B., Reddy. M. M. e Reddy, D. V. V., (2013). Eficiência de controlo de ervas daninhas de herbicidas pré e pós-emergência em feijão-de-gato (*Cajanus cajan* L.) *Journal of Food Legumes,* **26**(1&2):44-45.

Pandya, N. I., Chouhan, G. S. e Nepalia, V., (2005). Efeito das variedades, da geometria das culturas e da gestão das ervas daninhas na absorção de nutrientes pela soja (*Glycine max*) e pelas ervas daninhas associadas. *Indian Journal of Agronomy,* **50**(3):218-220.

Panse, V. G. e Sukhatme, P. V., (1967). Statistical methods for Agricultural workers, I.C.A.R., New Delhi.

Patel, H. B., Patel, G. N., Shoukat, A., Patel, D. M., Patel. N. H., (2013). Efeito do manejo integrado de ervas daninhas no crescimento, rendimento e parâmetros de ervas daninhas na mostarda, *Crop Research* (0970-4884) **46.**

Patel, P. P., Patel, M. M., Patel, D. M., (2009). Estudar o efeito da solarização do solo nas propriedades físicas, químicas e biológicas do solo. *Crop Research (Hisar),* **37**(3):88-94.

Patel, R. H., Shroff, J., Dutta, S., Meisheri, T. G., (2005). Dinâmica de ervas daninhas influenciada pela solarização do solo. *Agric. Rev,* **26**(4):295-300.

Pedde, K. C., Gore, A. K. e Chavan, A. S., (2013). Gestão integrada de ervas daninhas em grão-de-bico. *Indian Journal of Weed Science,* **45**(4):299.

Piper, C. S., (1956).Soil and plant analysis.*Hans Publisher,* Bombay, 197-201.

Rahman, A., James, T. K., Trolove, M. R., Dowsett, C., (2011). Factores que afectam a persistência de alguns herbicidas residuais em campos de silagem de milho. *Proteção das Plantas da Nova Zelândia,* **64**:125-132.

Raj, P., Singh, R. P., Kanaujiya, P. K., Pal, R. K., (2020). Efeito da gestão integrada de ervas daninhas nos parâmetros de crescimento e atributos de rendimento da mostarda indiana (*Brassica juncea* L.). *Journal of Pharmacognosy and Phytochemistry,* **9**(1):2323-2326.

Ramana, A. V., Naidu, G. J. e Murthy, K. V., (2007). Integrated weed management in rainfed upland rice (*Oryza sativa*). *Indian Journal of Agronomy,* **52**(4):311-314.

Rao, P. C., Lakshmi, C. S. R., Sireesha, A., Madhavi, M. e Swapna, G., (2012). Efeito do oxadiargil na atividade enzimática do solo. *Journal of Crop and Weed,* **8**(1):52-56.

Rao, V. V., (2000). Principles of weed science. Segunda edição, publicada por Mohan Primlani para Oxford e IBH publishing Co.Pvt.Ltd, Nova Deli.pp.1.

Rathod, P. S., Patil, D. H. e Dodamani, B. M., (2017). Manejo integrado de ervas daninhas em grão-de-bico (*Cicerarientum* L.) em condições de sequeiro de Karnataka, Índia. *Legume Research,* **40**(3):580-585.

Sah, D., Sewak, R. e Singh, A. K., (2013).Crescimento, rendimento e rentabilidade da mostarda indiana (*Brassica juncea* (L.) Czern & Coss) com diferentes medidas de controlo de ervas daninhas e níveis de enxofre. *Agricultural Science Digest,* **33**(1).

Saloum, A. e Almahasneh, H., (2015). Efeito da solarização do solo e da fertilização orgânica no rendimento dos genótipos de milho (*Zea mays* L.) e nas propriedades químicas do solo. *Jornal Asiático de Investigação Agrícola,* **9**(4):173-179.

Sebiomo, A., Ogundero, V. W. e Bankole, S. A., (2011).Effect of four herbicides on microbial population, soil organic matter and dehydrogenase activity. *Jornal Africano de Biotecnologia,* **10**(5):770-778.

Sewak, R., Shah, D. e Kumar, A., (2007). Efeito das medidas de controlo das infestantes e dos níveis de enxofre no crescimento e rendimento da mostarda indiana (*Brassica juncea* (L.) Czern & Coss) cv. Pusa Bold. *A Journal of Multidisciplinary Advance Research,* 73-78.

Sharma, N. K., Mundra, S. L. e Sontara, K., (2016). Absorção de nutrientes de rendimento na soja como influenciada pela gestão de ervas daninhas. *Indian Journal of Weed Science,* **48**(3):351-352.

Sharma, O. L. e Jain, N. K., (2002). Effect of herbicides on weed dynamics and seed yield of Indian mustard (*Brassica juncea*). *The Indian Journal of Agricultural Sciences,* **8**(4):3926-3932.

Singh, A. K., Singh, R. S., Singh, A. K., Kumar, R., Kumawat, N., Singh, N. K., Singh, S. P. e Shanker, R., (2020). Efeito da gestão de ervas daninhas na interferência de ervas daninhas, depleção de nutrientes por ervas daninhas e potencial de produção de feijão-guandu de longa duração (*Cajanus cajan* L,) em ecossistema irrigado. *Jornal Internacional de Microbiologia Atual e Ciência Aplicada,* **9**(1):676-689.

Singh, A., Singh, R. Y., Kumar, A., Kumar, A., Patel, V. K., Singh, A. K. e Singh, R. P., (2020). Efeito das práticas de gestão de ervas daninhas no rendimento e na economia da mostarda indiana. *Jornal Internacional de Estudos Químicos,* **8**(2):1364-1367.

Singh, R., (2006). Efeito da sequência de culturas, da taxa de sementes e da gestão das infestantes no crescimento das infestantes e no rendimento da mostarda indiana no Rajastão Ocidental. *Indian J. Weed Sci,* **38**(1&2):60-72.

Singh, R. K., (2017). Controlo de ervas daninhas com herbicidas na mostarda indiana (*Brassica juncea* L.). *Journal of Plant Development Science,* **9**(5):465-469.

Singh, R. K., Singh, R. P. e Singh, M. K., (2013). Gestão de ervas daninhas em colza-mostarda. *Indian Journal,* **34**(1):36-49.

Singh, V. P., Anil, D., Mishra, J. S. e Yaduraj, N. T., (2004). Efeito do período de solarização do solo e das medidas de controlo das ervas daninhas no crescimento e na produtividade da soja (*Glycine max*). *Indian Journal of Agricultural Sciences.*

Sirisha, L., Kumar, B., Kumar, S., Kumar, S., Behera, S. K. e Chattopadhay, T., (2020). Efeito da aplicação herbicida pré e pós-emergência na dinâmica das ervas daninhas e no rendimento da lentilha (*Lens culinaris*). *Revista Internacional de Estudos Químicos,* **8**(4):3926-3932.

Sofi, T. A., Tewari, A. K., Razdan, V. K., Koul, V. K., (2014). Efeito a longo prazo da solarização do solo nas propriedades do solo e no vigor da couve-flor, **42** (1): 1-11.

Subbiah, B. V. e Asija, G. L., (1956). Arapid procedure for the estimates of available nitrogen in soil. *Current Science,* **25** (8):259-260.

Subrahmaniyan, K., Kalaiselvan, P., Balasubramanian, T. N., Zhou, W.,(2008). Soil properties and yield of groundnut associated with herbicides, plant geometry and plastic mulch, **39**(7-8):1206-1234.

Syriac, E. K., Geetha, K., (2007). Avaliação de herbicidas de pré-emergência e solarização do solo para a gestão de infestantes em brinjal (*Solanum melongena* L.). *Indian Journal of Weed Science,* **39**(1 e 2):109-111.

Tandon, H. L. S., (1993). Métodos de análise do solo, das plantas, da água e dos fertilizantes. *Fertilizantes, Organização de Desenvolvimento e Consulta*, Nova Deli.

Tekale, K. U., Khanpara, V. D., Deshmukh, M. S. e Bonde, A. M., (2005). Effect of weed management practices on growth and yield contributing parameters of Indian mustard and their correlation with yield.*Journal of Soils and Crops,* **15**(1):183-186.

Yadav, R. P. (2004). Efeito de herbicidas isolados e em combinação com métodos culturais no controlo de ervas daninhas na mostarda indiana (*Brassica juncea L.*). *Indian Journal of Agronomy,* **49**(4):268-270.

MIX
Papier aus verantwortungsvollen Quellen
Paper from responsible sources
FSC® C105338

Printed by Books on Demand GmbH, Norderstedt / Germany